Geologia e pedologia

Geologia e pedologia

Narali Marques da Silva
Rafaela Marques S. Tadra

2ª edição

Rua Clara Vendramin, 58 . Mossunguê . CEP 81200-170 . Curitiba . PR . Brasil
Fone: (41) 2106-4170 . www.intersaberes.com . editora@intersaberes.com

Conselho editorial
Dr. Alexandre Coutinho Pagliarini
Drª Elena Godoy
Dr. Neri dos Santos
Mª Maria Lúcia Prado Sabatella

Editora-chefe
Lindsay Azambuja

Gerente editorial
Ariadne Nunes Wenger

Assistente editorial
Daniela Viroli Pereira Pinto

Edição de texto
Monique Francis Fagundes Gonçalves

Capa
Design: Luana Machado Amaro
Imagens: Aekky, AnastasiaNess, Jes2u.photo, Komkrit Preechachanwate, Saranya Loisamutr, Schankz e SvedOliver/Shutterstock

Projeto gráfico
Mayra Yoshizawa (*design*)
ildogesto e Itan1409/Shutterstock (imagens)

Diagramação
Bruna Jorge

Copidesque
Francisco R. S. Inocêncio

Iconografia
Regina Claudia Cruz Prestes

1ª edição, 2017.
2ª edição, 2024.

Foi feito o depósito legal.

Informamos que é de inteira responsabilidade das autoras a emissão de conceitos.

Nenhuma parte desta publicação poderá ser reproduzida por qualquer meio ou forma sem a prévia autorização da Editora InterSaberes.

A violação dos direitos autorais é crime estabelecido na Lei n. 9.610/1998 e punido pelo art. 184 do Código Penal.

Dados Internacionais de Catalogação na Publicação (CIP)
(Câmara Brasileira do Livro, SP, Brasil)

Silva, Narali Marques da
  Geologia e pedologia / Narali Marques da Silva, Rafaela Marques S. Tadra. -- 2. ed. -- Curitiba, PR : Intersaberes, 2024.

  Bibliografia.
  ISBN 978-85-227-0887-1

  1. Ciência do solo 2. Geologia 3. Geomorfologia 4. Gestão ambiental I. Tadra, Rafaela Marques S. II. Título.

23-177228   CDD-631.4

Índices para catálogo sistemático:
1. Ciência do solo : Pedologia   631.4

Cibele Maria Dias – Bibliotecária – CRB-8/9427

Sumário

Apresentação | 7
Organização didático-pedagógica | 11

Parte 1 – Sistema Terra | 15

1. Origem e dinâmica interna da Terra | 17
   1.1 O Sistema Solar | 21
   1.2 As camadas da Terra: estrutura e composição do planeta | 26
   1.3 Teoria da deriva continental | 33
   1.4 Teoria das placas tectônicas | 39

2. Tempo geológico | 57
   2.1 Escala de tempo geológico | 59
   2.2 Datação | 80

3. Mineralogia e petrologia | 101
   3.1 Minerais | 103
   3.2 Unidades formadoras da crosta: rochas | 114

4. Dinâmica externa da Terra | 127
   4.1 Intemperismo | 130
   4.2 Erosão | 144
   4.3 Ciclo das rochas | 145

Parte 2 – Solos | 153

5. Formação e características dos solos | 155
   5.1 Pedologia e a ciência do solo | 157
   5.2 Conceitos | 159

5.3 Constituição do solo | 160
5.4 Caracterização química do solo | 206

Parte 3 – Recursos minerais | 225

6. Geologia do Brasil e recursos minerais | 227
    6.1 Geologia do Brasil: compartimentação geológica | 229
    6.2 Geologia econômica | 233
    6.3 Recursos minerais | 234
    6.4 Depósitos minerais | 235
    6.5 Recursos energéticos | 248
    6.6 Recursos minerais e sociedade sustentável | 252

Considerações finais | 263
Glossário | 265
Referências | 271
Bibliografia comentada | 281
Respostas | 283
Apêndice A | 291
Apêndice B | 297
Anexos | 303
Sobre as autoras | 317

Apresentação

Nesta obra, versamos sobre a dinâmica natural do planeta Terra. Apresentamos conceitos básicos das ciências geológicas, tendo como público-alvo os professores de Geografia em formação e profissionais de áreas afins. Nosso objetivo é apresentar os processos de formação e evolução geológica da Terra, em sua dinâmica interna e externa, e explicitar como as forças endógenas e exógenas estruturam e modelam o planeta.

Outro interesse é abordar as evoluções das teorias *deriva dos continentes* e *tectônica de placas*, com a finalidade de explicar a dinâmica da Terrra e as estruturas que nela se formam, bem como examinar as influências dessas formações na sociedade ao longo do tempo, abordando fenômenos como terremotos e vulcões, suas forças destrutivas e modeladoras do relevo e suas consequências para a vida humana.

Neste livro, abordamos e organizamos os conceitos referentes aos temas *geologia* e *pedologia*[i], em três partes. A Parte 1, intitulada "Sistema Terra", está estruturada em quatro capítulos. No Capítulo 1, partimos das informações sobre o Sistema Solar para, em seguida, tratar da estrutura e composição do planeta, do transporte de calor e das temperaturas no interior da Terra, finalizando com o enfoque nas teorias da deriva continental e da tectônica de placas. O planeta está em constante mudança; as transformações, raramente perceptíveis, se desenrolaram por milhões de anos e foram causadas por diferentes fatores, que se dividem em **internos** (decorrentes da ação das camadas internas da Terra) e externos (oriundos de fatores como chuva, vento e ação dos rios).

---

i. *Pedologia* é o termo que se refere aos estudos da gênese, classificação e mapeamento dos solos.

Ambos têm como resultado uma constante alteração ou modelagem do relevo do planeta.

No Capítulo 2, propomos uma análise da evolução do *Sistema Terra* no decorrer do tempo, fundamentando-nos no pressuposto de que a ideia de *tempo* deve ser considerada no contexto geológico, para que seja possível tratar de intervalos tão vastos e de difícil entendimento.

No Capítulo 3, dirigimos nossa atenção aos minerais – constituintes básicos, identificação e conceitos relacionados – e às rochas que formam os registros dos processos geológicos, bem como a classificação das rochas em *ígneas*, *metamórficas* e *sedimentares*.

No Capítulo 4, apresentamos tópicos relacionados ao intemperismo – tipos, reações, erosão e ciclo das rochas –, a fim de demonstrar que todas as partes do planeta e todas as suas interações constituem o Sistema Terra.

Na Parte 2, intitulada "Solos", comentamos dados técnicos sobre a formação e as características dos solos. Também tratamos da distribuição e da conservação dos solos. A Parte 3, denominada "Recursos Minerais", explicita a importância da aquisição de conhecimentos de geologia a respeito do território brasileiro. Tais informações podem auxiliar para a construção de uma base conceitual sólida, para além do entendimento histórico e de uma dinâmica particular, contribuindo para a tomada de decisões sobre temas ambientais e econômicos fundamentais para o planejamento urbano e territorial.

Finalmente, pretendemos evidenciar a relevância dos bens minerais, da compreensão de como surgiram esses recursos e da sua exploração responsável.

No Capítulo 6 da obra buscamos, por meio de uma linguagem simples, mas calcada em dados técnico-científicos, especificar os constituintes do solo, parte essencial do meio ambiente e da economia.

Lembramos que os temas tratados neste livro não esgotam em hipótese alguma as discussões e informações referentes ao tema central e que adotamos uma perspectiva de contínuos estudos ao longo da caminhada profissional e pessoal.

Organização didático-pedagógica

Este livro traz alguns recursos que visam enriquecer o seu aprendizado, facilitar a compreensão dos conteúdos e tornar a leitura mais dinâmica. São ferramentas projetadas de acordo com a natureza dos temas que vamos examinar. Veja a seguir como esses recursos se encontram distribuídos na obra.

Introdução do capítulo
Logo na abertura do capítulo, você é informado a respeito dos conteúdos que nele serão abordados, bem como dos objetivos que o autor pretende alcançar.

Importante!
Algumas das informações mais importantes da obra aparecem nesses boxes. Aproveite para fazer sua própria reflexão sobre os conteúdos apresentados.

Preste atenção!
Nestes boxes, você confere informações complementares a respeito do assunto que está sendo tratado.

Síntese
Você conta, nesta seção, com um recurso que o instigará a fazer uma reflexão sobre os conteúdos estudados, de modo a contribuir para que as conclusões a que você chegou sejam reafirmadas ou redefinidas.

Atividades de autoavaliação
Com estas questões objetivas, você tem a oportunidade de verificar o grau de assimilação dos conceitos examinados, motivando-se a progredir em seus estudos e a se preparar para outras atividades avaliativas.

Atividades de aprendizagem

Aqui você dispõe de questões cujo objetivo é levá-lo a analisar criticamente determinado assunto e aproximar conhecimentos teóricos e práticos.

Indicações culturais

Nesta seção, o autor oferece algumas indicações de livros, filmes ou *sites* que podem ajudá-lo a refletir sobre os conteúdos estudados e permitir o aprofundamento em seu processo de aprendizagem.

Bibliografia comentada

Nesta seção, você encontra comentários acerca de algumas obras de referência para o estudo dos temas examinados.

Parte

1

Sistema Terra

I. Origem e dinâmica interna da Terra

Andrew McWilliam, astrônomo vinculado ao Carnegie Institution for Science, uma importante instituição de fomento à pesquisa científica em Washington, Estados Unidos, certa vez afirmou: "Eu digo à minha esposa que a água fresca em seu copo não é tão fresca assim. Seus átomos têm nada menos do que 14 bilhões de anos" (McWilliam citado por Press et al., 2006, p. 25). Segundo o cientista, portanto, os átomos que sua esposa ingere ao tomar um simples copo d'água, seriam mais antigos do que toda a vida na Terra. Na verdade, eles seriam muito mais antigos do que o próprio planeta, o Sol em torno do qual esse planeta orbita e a própria Via Láctea, a galáxia na qual o Sol e todas as outras estrelas que avistamos no céu noturno estão contidos. Como isso é possível?

Sabe-se, hoje, que a Terra, o planeta em que vivemos, é composto pelos mesmos elementos que constituem tudo o que existe no universo (Cordani, 2001, p. 2). Em outras palavras, a matéria de nosso planeta é composta de átomos – ferro, níquel, silício, hidrogênio etc. –, os quais podem ser encontrados em pontos tão distantes entre si quanto Marte, Júpiter, o cinturão de asteroides, o cometa Halley, a estrela Canopus, a segunda estrela mais brilhante do céu, ou a galáxia de Andrômeda. Essa regularidade na constituição do universo é uma das evidências de que todos esses corpos têm uma origem comum.

Atualmente, a teoria mais aceita para explicar essa origem afirma que toda a matéria presente no universo – e também toda a energia – existe como decorrência de um único evento, de proporções cataclísmicas, ocorrido numa fração infinitesimal de segundo, no que poderíamos chamar de *início dos tempos*. Estamos falando da teoria da grande explosão ou do *Big Bang*, como é mais conhecida. Segundo essa teoria, antes desse instante primordial, ocorrido entre 13 e 14 bilhões de anos (Ba) atrás, toda a vastidão do universo hoje observável encontrava-se compactada numa singularidade, ou seja, num único objeto de poucos milímetros de diâmetro, de temperatura inimaginavelmente elevada e cuja densidade tendia ao infinito. Os cosmólogos sustentam que, justamente em razão da temperatura e da densidade incrivelmente altas ali presentes, a força que mantinha esse objeto coeso teria colapsado, e todo o conteúdo da singularidade teria se expandido em questão de trilionésimos de segundo.

Como consequência dessa expansão extremamente súbita, o universo ainda jovem esfriou e se tornou menos denso, passando por um processo de inflação cósmica. Convém dizer que o que compunha esse universo inflacionário, em seus primeiros instantes, não era exatamente a matéria como nós a conhecemos, constituída de átomos de elementos químicos, e sim um plasma primigênio, composto de *quarks* e glúons – componentes básicos da matéria – em estado livre. O resfriamento inicial permitiu que esse plasma se aglutinasse de maneira a formar as primeiras partículas subatômicas (bárions): os prótons e os nêutrons. Estas, com a expansão contínua do universo, colidiram entre si e combinaram-se formando átomos de hidrogênio (H), que é o mais simples dos elementos químicos (seu núcleo é constituído por apenas um próton). O hidrogênio, por sua vez, deu origem ao hélio (He) (cujo núcleo é formado por dois prótons) e, subsequentemente, a elementos mais complexos.

Tendo conhecimento desse processo, o significado da declaração de McWilliam, citada no início, torna-se mais translúcido. O elemento químico que é um dos constituintes da molécula de água (H_2O) é, de fato, o mais antigo componente da matéria: ele surgiu logo nos primeiros tempos do universo.

O motivo de narrarmos aqui, em poucos parágrafos, essa longa história do universo deve-se ao fato de que a Terra, nosso objeto de estudo, é parte integrante dessa longa cadeia de eventos. Sua gênese está intrinsecamente vinculada à formação do Sol, dos demais planetas do Sistema Solar e de todas as estrelas que se constituíram a partir das nuvens de gás e poeira interestelar resultantes do processo que levou à existência do cosmos. Por isso, para entendê-la em sua complexidade, é preciso estudá-la como componente de um sistema igualmente complexo.

Neste capítulo, explicaremos como o Sistema Solar se formou, incluindo o nosso planeta. Esmiuçaremos como é a estrutura terrestre interna e quais são os elementos que a compõem. Evidenciaremos, ainda, que a Terra é dotada de uma estrutura dinâmica, em constante transformação e movimento, e que sua configuração exterior, assim como diversos fenômenos que ocorrem em sua superfície, são determinados por essa movimentação incessante.

1.1 O Sistema Solar
1.1.1 A formação do Sol

Começaremos nossa abordagem pela formação do Sol, já que ele é a estrela que ocupa o centro do Sistema Solar, em torno da qual todos os planetas e outros astros que integram esse sistema orbitam. Aliás, como demonstraremos, o Sol e os planetas têm uma origem comum, ou seja, eles foram formados ao mesmo tempo, a partir do mesmo processo.

A hipótese mais provável para a gênese do Sistema Solar é a que foi proposta inicialmente pelo filósofo alemão Immanuel Kant, em 1755, e posteriormente pelo físico, astrônomo e matemático francês Pierre-Simon Laplace, que a desenvolveu detalhadamente em seu livro *Exposition du système du monde* [*Explicação do sistema do mundo*], publicado em 1796. Segundo essa hipótese, o sol teria se formado a partir da rotação de nuvens de gás e poeira existentes no espaço, às quais Kant deu o nome de *nebulosas*. A porção gasosa dessas nuvens é constituída, principalmente, por hidrogênio e hélio, que são os elementos predominantes no Sol. Além desses gases, também integram as nebulosas partículas muito finas de poeira, cuja composição é semelhante à da matéria que se pode encontrar em abundância na Terra.

Como esses componentes das nebulosas são dotados de massa, eles exercem atração gravitacional. Consequentemente, as partículas que integram a matéria nebular atraem-se, conferindo ao conjunto um movimento rotacional; ao deslocarem-se para o centro da nuvem, esses corpúsculos aglutinam-se e acumulam-se até formar um corpo coeso, – o embrião da futura estrela, ou seja, uma protoestrela. No caso do Sistema Solar, denominamos esse sol em estado embrionário de *protossol*.

Ainda em decorrência da atração gravitacional, dois fenômenos acontecem:

1. O aumento da massa do protossol intensifica sua força gravitacional, o que o faz atrair cada vez mais matéria para si (acreção)[i] e se tornar mais denso.
2. O aumento da densidade faz o protossol se tornar cada vez mais quente, até o ponto em que sua temperatura atinge milhões de graus.

---

i. Denomina-se *acreção* o processo pelo qual uma estrela, um planeta ou qualquer outro corpo atrai para si, por efeito da ação gravitacional, outros corpos menores ou elementos interestelares (moléculas de gás, poeira, partículas etc.), aumentando assim a sua massa.

Por causa da pressão determinada pela alta densidade e a temperatura extremamente elevada, os núcleos de átomos de hidrogênio se fundem para formar átomos de hélio, ou seja, uma reação de fusão nuclear semelhante à que ocorre numa bomba de hidrogênio é desencadeada. Tais reações, como sabemos, têm como consequência a liberação de enormes quantidades de **energia**. É essa energia que o Sol, ainda hoje, emite e que nos chega em forma de luz e calor.

1.1.2 A formação dos planetas

Todos os outros corpos que integram o Sistema Solar (planetas, satélites, cometas, asteroides) formaram-se simultaneamente ao Sol. Durante o processo que descrevemos, a maior parte da matéria da nebulosa original concentrou-se no protossol. No entanto, parte da nuvem de gás e poeira remanescente da nebulosa solar continuou a envolver a estrela em estado embrionário. Pela ação da força gravitacional, essa nuvem "achatou-se", assumindo a forma de um disco, cuja temperatura era mais alta na região interna, na qual havia mais acúmulo de matéria.

Uma vez formado, esse disco sofreu um processo de resfriamento e grande parte dos gases que o compunham condensou-se. A matéria condensada e a poeira, por atração gravitacional, começaram a agregar-se, aumentando de volume por acreção, até formar pequenos blocos de cerca de 1 km de diâmetro, denominados *planetesimais*. Estes, por sua vez, passaram a colidir entre si, de modo que corpos maiores, aproximadamente do tamanho da Lua, começaram a se formar. Por fim, numa série de impactos de dimensões cataclísmicas, os maiores desses corpos atraíram outros para si, até que, pela acreção resultante, restaram os oito planetas que ocupam suas órbitas atuais (Press et al., 2006), somados ao cinturão de asteroides localizado entre as órbitas de Marte e Júpiter, e ao cinturão de Kuiper, situado além da órbita de Netuno. É no cinturão de Kuiper, aliás, que se localiza Plutão, que até recentemente era tomado como o nono planeta do Sistema Solar, mas hoje é considerado um planeta anão, como Ceres e outros corpos de dimensões intermediárias que também giram em torno do Sol.

Como desdobramento de sua origem, os planetas que ocupam as órbitas mais próximas ao Sol desenvolveram-se de maneira diferente daqueles cuja translação se dá em órbitas mais afastadas. Os **planetas interiores**, assim classificados devido à sua proximidade em relação ao Sol, são Mercúrio, Vênus, Terra e Marte (também denominados *terrestres* ou *telúricos*, por sua constituição rochosa). Os **planetas exteriores** (também chamados *jovianos*), por sua vez, são: Júpiter, Saturno, Urano e Netuno. Ao contrário dos quatro primeiros, que se formaram por acreção de planetesimais rochosos, os planetas exteriores foram gerados a partir dos materiais voláteis que, por serem mais leves e menos densos, foram impelidos para as regiões mais externas da nebulosa solar. Tratam-se de grandes planetas, constituídos principalmente de gelo e gases (Press et al., 2006).

Figura 1.1 – O Sistema Solar e seus planetas

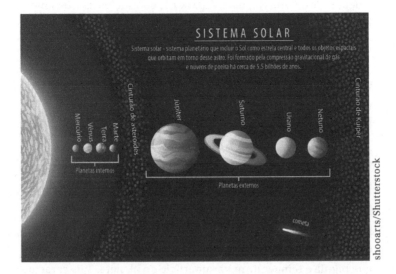

Importante

De acordo com o conhecimento construído pela ciência da astronomia, a Terra é formada pelos mesmos materiais que compõem outros corpos do Sistema Solar. O entendimento predominante na cosmologia é de que o Sol, os planetas e todas as demais estrelas surgiram de nuvens de gás e poeira interestelar. Fundamentados em suas pesquisas, físicos teorizam que, há cerca de 14 Ba, toda a matéria e a energia do Universo estavam concentradas em uma singularidade, que se contraiu até desencadear uma grande explosão, também chamada *Big Bang*. A diminuição da temperatura e da densidade primordiais favoreceu a instalação de condições para a formação da matéria, por um processo denominado *nucleogênese* (formação de partículas constituintes do átomo). Graças a esse processo, orginaram-se prótons, elétrons, nêutrons e, em seguida, os átomos dos elementos mais leves, hidrogênio (H) e hélio (He), e depois os de lítio (Li) e berílio (Be). A contração gravitacional subsequente deu origem a nebulosas (nuvens de gás constituídas por grande quantidade de hidrogênio e hélio) e partículas sólidas, das quais foram geradas as galáxias e as estrelas. Nossa galáxia, a Via Láctea, tem aproximadamente 8 Ba. O Sistema Solar, por sua vez, passou a existir há cerca de 4,6 Ba.

A atmosfera da Terra, terceiro planeta do Sistema Solar, é constituída principalmente por nitrogênio (N) e oxigênio (O), e a temperatura da superfície do planeta é suficientemente baixa para permitir a existência de água em estado líquido e gasoso. O vapor de água disperso na atmosfera é responsável pelo efeito estufa, que regula a temperatura na superfície do planeta. Tais características fazem da Terra um lugar de condições únicas e extraordinárias, as quais favorecem a existência e a estabilidade da vida, em toda a sua diversidade.

1.2 As camadas da Terra: estrutura e composição do planeta

O conhecimento do interior da Terra só foi possível após o desenvolvimento do estudo da propagação de ondas sísmicas no interior do planeta. Estas são geradas sempre que há uma ruptura na litosfera, o que provoca vibrações (ondas) que se propagam em todas as direções. O sentido de propagação de ondas como essas muda – por refração ou reflexão – quando elas passam de um meio a outro, pois quando isso acontece a sua velocidade se altera. A observação e a medição dessas mudanças de velocidade e trajetória permitem deduzir várias características das partes internas da Terra, as quais não seria possível conhecer por meio de observação direta.

> **Preste atenção!**
>
> Existem dois tipos de vibrações sísmicas em um meio sólido que se propagam em todas as direções: vibrações longitudinais e transversais. Nas longitudinais (ondas P – primárias), as partículas do meio vibram paralelamente à direção de propagação. Nas transversais (ondas S – secundárias), a vibração das partículas é perpendicular à direção de propagação da onda. Ambas se deslocam na superfície terrestre, assim como o fazem as ondas à tona d'água.

O interior da Terra é dividido em **zonas** ou **calotas esféricas**, que podem ser separadas de acordo com os seguintes critérios:

» Composição dos materiais da crosta, do manto e do núcleo, cada um com subdivisões.
» Comportamento mecânico de uma camada rígida periférica segmentada em placas, chamada *litosfera* (em grego, *litos* significa "rocha"), e de outra inferior plástica, denominada *astenosfera*, camada plástica de rocha sólida que compreende a parte inferior (da litosfera) e sobre a qual as placas se movem.

A litosfera está segmentada em porções de tamanhos diversos, denominadas *placas litosféricas* ou *tectônicas*, e é formada pela crosta e pelo manto superior, separados pela chamada *Descontinuidade de Mohorovicic*, ou *Moho*. Ao ingressar no manto, a velocidade das ondas P (Vp) provenientes da crosta passa de valores inferiores a 7 km/s para mais de 8 km/s. Isso deve-se à diferença de densidade média, que é de aproximadamente 2,65 g/cm³ na crosta superior e 2,8 g/cm³ na inferior, e de 3,4 g/cm³ no manto superior (Hasui et al., 2012).

Quadro 1.1 – Principais divisões do Sistema Terra

Atmosfera	Envoltório gasoso, composto principalmente de N e O, que se estende desde a superfície terrestre até cerca de 100 km de altitude.
Hidrosfera	Toda a água em estado líquido presente na superfície do planeta: oceanos, rios, lagos e lençóis freáticos.
Biosfera	Toda a matéria orgânica relacionada à vida.
Litosfera	Espessa camada rochosa que constitui a superfície externa sólida do planeta. Compreende a crosta terrestre e a parte superior do manto, chegando a uma profundidade média de 100 km. É ela que forma as placas tectônicas.
Astenosfera	Fina camada dúctil do manto terrestre, localizada abaixo da litosfera, sobre a qual ocorrem os movimentos horizontais e verticais das placas tectônicas.
Manto inferior	Camada do manto localizada abaixo da astenosfera, cuja espessura se estende de cerca de 400 km de profundidade até a interface núcleo-manto (cerca de 2.900 km de profundidade).
Núcleo externo	Camada líquida, composta predominantemente por ferro fundido. Estende-se de cerca de 2.900 km abaixo da superfície, até uma profundidade de 5.150 km.
Núcleo interno	Camada esférica constituída principalmente de ferro sólido, que se estende de uma profundidade de aproximadamente 5.150 km até o centro da Terra (a cerca de 6.400 km de profundidade).

Fonte: Elaborado com base em Press et al., 2006, p. 36.

Nas seções seguintes, analisaremos as camadas da Terra, levando em conta a composição dos materiais.

1.2.1 Crosta

A crosta terrestre é responsável por cerca de 1% do volume total da Terra. Sua espessura é variável: nos continentes, embora a média seja de 40 km, ela oscila entre 20 km, nas regiões mais baixas – nas faixas litorâneas, por exemplo –, e 70 km, nas áreas de cadeias montanhosas. Nos oceanos, a espessura varia de 5 a 10 km, e sua média é de 7 km.

Costuma-se dividir a crosta terrestre em **crosta continental** e **crosta oceânica**. No entanto, tal classificação é feita sob o ponto de vista geológico e geofísico, porém não se trata de uma categorização geográfica, uma vez que extensas porções da crosta continental se encontram submersas.

A **crosta continental** subdivide-se em crosta superior e inferior e é constituída de rochas ígneas, metamórficas e sedimentares. A composição química das rochas que a constituem tem como elementos mais abundantes o silício (Si) e o alumínio (Al); por esse motivo, ela é também conhecida pela denominação *SiAl* (Hasui et al., 2012).

A crosta superior é caracterizada por uma consistência mais rígida e pela presença de poucos refletores sísmicos, com mergulhos[ii] e padrões variados. Uma vez que é nela que se localizam os hipocentros, essa área da crosta continental é denominada *rúptil* ou *sísmica*.

---

ii. Ao final desta obra, disponibilizamos um glossário contendo definições de termos caros aos temas aqui abordados. Esses termos estão sublinhados ao longo do livro, para facilitar a consulta.

A crosta inferior apresenta uma velocidade sísmica (Vp) de 6,4 km/s. Até a década de 1960, considerava-se que tivesse composição basáltica; no entanto, estudos mais recentes indicam que essa faixa da crosta é constituída por rochas de alto grau metamórfico (Dawson et al., 1986). Tem viscosidade menor, isto é, comportamento menos rígido ou mais dúctil do que a crosta superior e do que o manto superior.

A **crosta oceânica**, por sua vez, é dividida em quatro camadas, de cima para baixo (Kearey; Klepeis; Vine, 2009):

1. dos sedimentos marinhos;
2. dos basaltos almofadados;
3. dos diques máficos;
4. do gabro.

Sua composição química é semelhante à dos basaltos, e os elementos químicos que nela predominam são o silício (Si) e o magnésio (Mg). Por esse motivo, essa zona da crosta é também chamada *SiMa*.

1.2.2 Manto

Abaixo da crosta, encontra-se o manto terrestre. Formado por rochas ultramáficas (peridotitos, dunitos, eclogitos), ele é responsável por aproximadamente 84% do volume da Terra. Apresenta consistência pastosa em consequência das altas temperaturas e pressões presentes no seu interior. O manto apresenta diferentes camadas, que são descritas a seguir (Hasui et al., 2012):

» **Zona de baixa velocidade** (*low velocity zone*) (LVZ): Descrita primeiramente por Beno Gutenberg, em 1959, está localizada no manto superior, tanto sob as regiões oceânicas quanto sob as continentais, porém parece estar ausente sob as porções mais antigas da crosta terrestre (crátons). Sua denominação deve-se à interferência que exerce sobre as ondas sísmicas: ao passar por ela, as ondas P ficam mais lentas, e as ondas S são parcialmente absorvidas. Suas profundidades são variáveis: o topo localiza-se entre 50 e 100 km abaixo da superfície, e a base, entre 150 e 200 km. Apresenta temperaturas anômalas muito elevadas e fusão parcial das rochas. Essa camada conta com uma deformação por fluência (creep) lenta, contínua e permanente. É frequente considerá-la correspondente à astenosfera, camada sobre a qual as placas tectônicas se movimentam.

» **Zona de transição**: Entre 410 e 670 km, as velocidades sísmicas e a densidade aumentam de cima para baixo. O estado físico das rochas é determinado pela pressão e pela temperatura: rochas em baixa profundidade, submetidas a baixa pressão, fundem-se a certa temperatura; com o aumento da profundidade, tanto a pressão quanto a temperatura de fusão aumentam consideravelmente (Hasui et al., 2012).

» **Camada D**: Trata-se de uma camada com espessura entre 200 e 250 km, localizada na base do manto, na região adjacente ao núcleo. Caracteriza-se por velocidades sísmicas baixas e de comportamento mais plástico. É nessa camada que se originam as plumas do manto de proveniência profunda. Também nela se acumulam as porções das placas subductantes que afundam pelo manto abaixo.

» **Descontinuidade de Gutemberg**: Situa-se a 2.900 km de profundidade, na interface entre o limite inferior do manto e o núcleo externo. As ondas P experimentam uma acentuada diminuição de velocidade ao passar por essa descontinuidade sísmica, enquanto as ondas S absolutamente não se propagam por ela.

Na seção a seguir, explicaremos como se organiza a camada que representa cerca de 15% do volume do planeta Terra: o núcleo.

1.2.3 Núcleo

As duas camadas mais internas da Terra – os núcleos interno e externo, separados pela descontinuidade de Lehmann – são constituídas essencialmente por ferro (Fe) e níquel (Ni), motivo por que são também denominadas *NiFe*. Ambas têm uma densidade média de 10,8 g/cm^3. O núcleo externo, que ocupa a zona entre 2.900 e 5.150 km de profundidade, é líquido e, por isso, as ondas S não se propagam nele. O núcleo interno, por sua vez, é sólido, porém em estado próximo ao de fusão. Estende-se de 5.200 km de profundidade até o centro da Terra, a 6.380 km da superfície. Nele, as ondas S se propagam a baixa velocidade.

O núcleo emite altas temperaturas, produzidas pelo calor liberado pela desintegração de elementos radioativos presentes em sua composição – urânio (U), tório (Th) e potássio (K) – somado ao calor gerado pelo atrito dos materiais mais densos que nele afundam. Essa, aliás, é a fonte do calor que origina as correntes de convecção profundas presentes no manto.

Em 1996, os geofísicos Xiaodong Song e Paul Richards demonstraram que, conforme já apontavam previsões anteriores, o núcleo interno gira ligeiramente mais rápido que o restante do planeta. Essa diferença de velocidades de rotação é, provavelmente, responsável pelo campo magnético produzido pelo geodínamo interno.

Observe a Figura 1.2, que resume os conteúdos tratados até este momento.

Figura 1.2 – Estrutura interna da Terra

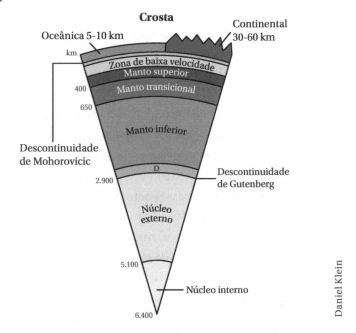

Fonte: Elaborado com base em Pacca; McReath, 2001, p. 85.

Agora que já apresentamos as camadas da Terra, comentaremos como ocorreu a formação e a modelação dos continentes.

1.3 Teoria da deriva continental

A teoria da deriva continental afirma que os continentes deslocam-se pelo globo terrestre, de maneira semelhante a embarcações deslizando sobre o oceano. Está associada à teoria da tectônica de placas, a qual abordaremos mais adiante.

A primeira observação acerca desse fenômeno de que se tem registro é creditada ao geógrafo e cartógrafo holandês Abraham Ortelius, autor da obra *Thesaurus Geographicus*, de 1587. Nessa obra, Ortelius chama a atenção para a coincidência entre os perfis das linhas costeiras da América, da África e da Europa, comparáveis a peças de um quebra-cabeça, e sugere como possível explicação para isso um deslocamento dos continentes ocorrido no passado.

Em 1858, o geógrafo Antonio Snider-Pellegrini elaborou mapas em que salientou as similaridades entre as bordas dos continentes de um lado e do outro do Atlântico e propôs que eles teriam se separado a partir de uma massa continental anterior.

No final do século XIX (entre 1885 e 1901), Eduard Suess reconheceu a importância dos movimentos horizontais da crosta para explicar as feições atuais do globo terrestre. Foi Suess, também, quem propôs, com base em evidências paleontológicas, que, em um passado longínquo, todas as terras hoje pertencentes aos continentes banhados pelo Oceano Atlântico estariam concentradas em um único supercontinente localizado no Hemisfério Sul, a que denominou *Gondwana*. Consequentemente, segundo ele, a forma atual das Américas, da África e da Europa seria resultado da fragmentação desse paleocontinente imenso.

Alguns anos depois de Suess, o cientista berlinense Alfred Wegener sistematizou a hipótese dos movimentos horizontais e passou a buscar indícios de que os continentes, num passado remoto, estiveram unidos. Wegener, porém, foi além de Seuss nesse aspecto, pois acreditava que todas as terras emersas do planeta – e não apenas as hoje banhadas pelo Atlântico – compunham no passado uma única e gigantesca superfície continental, à qual nomeou *Pangeia* (do grego *pan*, "todo", e *gea*, "terra"). Esse megacontinente estaria rodeado por um só imenso oceano, a que denominou *Pantalassa* (do grego *thalassos*, "oceano"). O geógrafo alemão propunha, ainda, que a separação continental teria se iniciado quando a Terra contava aproximadamente 220 milhões de anos (Ma). O supercontinente teria se dividido, inicialmente, em dois continentes menores: um deles setentrional, denominado *Laurásia*, e o outro austral, chamado *Gondwana* (Tassinari, 2001).

Em 1915, Wegener publicou seus estudos acerca da deriva continental, que tinham como principais fundamentos:

» a justaposição dos mapas dos continentes, que revela a coincidência de suas linhas costeiras;
» o magnetismo terrestre;
» indícios de paleoclimas (climas de eras anteriores);
» evidências fósseis.

Apesar de todos os seus esforços, Wegener não conseguiu reunir evidências suficientes para corroborar sua teoria. Alguns dos opositores a sua hipótese diziam que ela não explicava satisfatoriamente a natureza da força que moveria os continentes sobre o oceano. O argumento apresentado pelo geógrafo e meteorologista alemão, que recorria à força centrífuga da Terra para preencher essa lacuna, não foi endossado pela comunidade científica.

A evidência que, finalmente, proporcionaria um argumento consistente para a teoria da deriva dos continentes emergiu do fundo dos oceanos.

Na década de 1940, com a Segunda Guerra Mundial em curso, os sonares, dispositivos capazes de localizar objetos e determinar distâncias no fundo do mar mediante a reflexão de ondas sonoras, passaram a ser usados de maneira muito mais intensa do que vinham sendo até então para localizar submarinos inimigos e minas subaquáticas. Embora já existissem desde o início do século XX e já tivessem sido utilizados com fins bélicos desde a Primeira Grande Guerra, esses equipamentos receberam importantes aperfeiçoamentos nesse período, de modo que seu alcance e precisão foram consideravelmente expandidos. Graças a tais melhoramentos, foi possível usar esses aparelhos para obter um mapeamento detalhado do fundo dos oceanos. Revelou-se, com isso, a existência de cadeias de montanhas submarinas, fendas e fossas extremamente profundas, e que, portanto, o ambiente bentônico era muito mais ativo geologicamente do que se pensava até aquele momento (Tassinari, 2001). Nesse contexto, Press et al. (2006, p. 49) salientam a relevância das descrições mais detalhadas das dorsais mesoceânicas proporcionadas por esse método:

> O mapeamento da Dorsal Mesoatlântica submarina e a descoberta do vale profundo na forma de fenda ou <u>rifte</u>, estendendo-se ao longo de seu centro, despertaram muitas especulações [...]. Os geólogos descobriram que quase todos os terremotos no Oceano Atlântico ocorreram próximos a esse vale em rifte. Uma vez que a maioria dos terremotos é gerada por falhamento tectônico, esses resultados indicaram que o rifte era uma feição tectonicamente ativa. Outras dorsais mesoceânicas com formas e atividade sísmica similares foram encontradas nos oceanos Pacífico e Índico.

Em 1961, com base nos dados geológicos e geofísicos provenientes dos mapeamentos e estudos detalhados a que Press et al. (2006) se referem, Harry Hamanond Hess, da Universidade de Princeton, e Robert Dietz, do Instituto Scripps de Oceanografia, propuseram a hipótese de que, ao longo desses grandes <u>riftes</u> oceânicos, a crosta terrestre se separaria devido à ascensão, por movimentos de convecção térmica, de material proveniente do manto terrestre. O afloramento desse material, que se esfriaria em contato com a superfície, geraria uma nova crosta terrestre em torno dessas fraturas, num processo contínuo, imprimindo um movimento lateral ao fundo oceânico, fazendo-o se afastar progressivamente da dorsal. Em outras palavras, a deriva continental e a expansão do fundo dos oceanos seriam consequências das correntes de convecção do manto terrestre (Figura 1.3).

Para explicar melhor como funcionam as correntes, podemos fazer a seguinte comparação: quando aquecemos água, o calor aplicado por baixo do recipiente que a contém aquece o líquido do fundo, diminuindo assim a sua densidade, fazendo-o subir à tona. Com a subida, porém, a água esfria, e sua densidade aumenta; como consequência, ela escoa para os lados e desce novamente para o fundo, formando-se um ciclo que tende a uniformizar a temperatura no interior do recipiente. As correntes de convecção são geradas pelo mesmo processo, porém envolvendo o magma do manto terrestre.

Figura 1.3 - Esquema de correntes de convecção atuantes na dorsal meso-oceânica

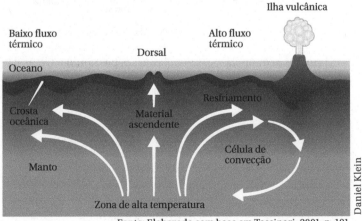

Fonte: Elaborado com base em Tassinari, 2001, p. 101.

Como o fenômeno da geração de crosta oceânica nos riftes das dorsais meso-oceânicas é um processo contínuo, em outro local deveria haver, em contrapartida, algum tipo de consumo ou destruição da crosta preexistente, caso contrário a superfície terrestre se expandiria (Tassinari, 2001). Isso acontece nas chamadas **zonas de subducção** (Figura 1.4), nas quais "a crosta oceânica mais densa [mergulha] para o interior da Terra até atingir as condições de pressão e temperatura suficientes para sofrer fusão e ser incorporada ao manto" (Tassinari, 2001, p. 101).

Figura 1.4 – Exemplo de zona de subducção

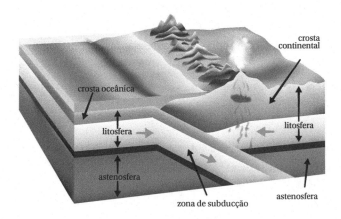

Fonte: Elaborado com base em Novais, 2015.

Daremos sequência a essa explanação, passando a tratar da teoria das placas tectônicas.

I.4 Teoria das placas tectônicas

Em 1965, o geólogo e geofísico canadense John Tuzo Wilson divulgou o resultado de seus estudos, segundo os quais a camada rígida da Terra (litosfera) segmenta-se em porções (placas litosféricas), que se deslocam sobre uma camada situada imediatamente abaixo, a qual é dotada de caracteríticas mais plásticas: a astenosfera. Dois anos depois, Dan Peter MacKenzie e Robert L. Parker referiram-se a esses movimentos como *tectônica de placas*. A partir de então, alcançaram-se rapidamente avanços no conhecimento sobre os limites dessas placas, suas velocidades e sentidos de deslocamento. Nasceu, assim, a **teoria das placas tectônicas**, também designada *teoria das placas litosféricas*, *teoria da tectônica de placas* ou *nova tectônica global*.

Segundo essa teoria, a litosfera é segmentada em fragmentos denominados *placas tectônicas*, ou simplesmente *placas*. Reconhece-se a existência de 13 placas maiores (Veja o Mapa A, que consta da Seção "Anexos"): Euro-Asiática, Indo-Australiana, das Filipinas, de Cocos, do Pacífico, Norte-Americana, Árabe, de Nazca, Sul-Americana, Africana, Antártica, do Caribe e de Gorda. São dezenas as placas menores, como as de Caroline, Sandwich e Scotia. Admite-se, também, a existência de placas em formação, cujas bordas são ainda incompletas: um exemplo é a Placa da Somália (que está se separando da Africana) e as placas Indiana e Australiana.

1.4.1 As bordas das placas

Os limites entre as placas litosféricas são as faixas de maior movimentação do globo, sendo por isso palcos de deslocamentos, terremotos, metamorfismos e magmatismo. Estão na origem de algumas das feições geológicas mais marcantes da Terra (oceanos, continentes, cadeias montanhosas). Isso tudo deve-se ao fato de que, quando duas porções adjacentes de rochas são submetidas a tensões, podem atuar sobre elas três regimes diferentes de esforços:

1. Divergente – Quando uma placa tende a se afastar da outra.
2. Convergente – Quando uma placa tende a se comprimir contra a outra.
3. Transcorrente – Quando as placas se atritam em sentido horizontal.

Em razão desses regimes, diferenciam-se três tipos de bordas ao longo das quais as placas interagem (Hasui et al., 2012):

1. **Divergentes, construtivas ou de acrescimento** – Há afastamento de duas placas adjacentes, com formação de nova litosfera (ou seja, a área da placa aumenta).
2. **Convergentes, destrutivas ou de consumo** – Há aproximação entre duas placas de forma que uma delas mergulha sob sua vizinha (nesse caso, a área de uma das placas diminui).
3. **Transformantes ou conservativas** – Há atrito horizontal entre duas placas (caso em que a área de ambas as placas permanece constante).

Figura 1.5 - Três tipos básicos de limites de placas

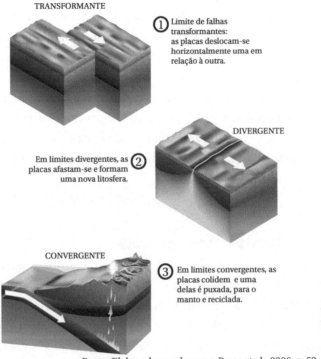

Fonte: Elaborado com base em Press et al., 2006, p. 52.

1.4.1.1 Bordas divergentes

As bordas divergentes caracterizam-se por um regime distensivo, bem como pela presença de sismos de hipocentros rasos, afastamento de placas, alto fluxo térmico e ascenção de magmas provenientes do manto terrestre, o que gera crostas novas constituídas de rochas intrusivas e vulcânicas, principalmente diabásios e basaltos. É esse tipo de bordas que pode ser encontrado nas dorsais oceânicas; o processo que ocasiona seu afastamento é denominado *divergência de placas*.

Importante

As **dorsais oceânicas** constituem um sistema global de cadeias de montanhas submarinas. São as mais longas faixas montanhosas da Terra, com mais de 80.000 km de extensão, largura da ordem de 1.000 km e elevação de 1 a 3 km acima do piso oceânico adjacente. O único local do mundo em que a dorsal oceânica aflora à superfície é a Islândia. Essa ilha, situada no Oceano Atlântico, entre a Groenlândia e o continente europeu, formou-se há cerca de 20 Ma. É constituída de rochas ígneas extrusivas, principalmente basálticas e riolíticas e apresenta intensa atividade vulcânica e geotérmica.

I.4.1.2 Bordas convergentes

As bordas convergentes, também chamadas *destrutivas* ou de *consumo* seguem, por assim dizer, o caminho oposto ao das divergentes: elas estão presentes quando duas placas se chocam –, de forma que uma imerge sob a outra. A placa <u>subductante</u>, também chamada *inferior, mergulhante* ou *descendente*, "afunda" sob a crosta e se funde no manto terrestre. A placa sob a qual ela mergulha é chamada de *superior* ou *cavalgante*. O regime tectônico que atua nesses casos é o compressivo, ou seja, as placas comprimem-se uma contra a outra.

A placa subductante é sempre oceânica, já a superior pode ser oceânica ou situar-se na borda de uma placa continental. A fusão da placa subductante na profundidade do manto a faz liberar fluidos (especialmente água do mar) aprisionados na crosta oceânica da qual se originou, os quais sobem para a placa superior e ali induzem a emersão de magma. São esses fluidos ascendentes que dão origem a <u>intrusões</u> e vulcões. A intensa atividade vulcânica assim provocada frequentemente origina arquipélagos em forma de faixa ou cinturão semicircular, conhecidos como *arcos de ilha* ou *magmáticos*.

Conforme Hasui et al. (2012), há oito tipos de ambientes tectônicos encontráveis nas bordas convergentes:

1. **Zona de subducção** – É a área limítrofe entre duas placas, o ponto de encontro entre ambas, onde uma mergulha sob a outra. Desenvolve-se, geralmente, em locais propícios do solo oceânico, nos quais se verificam variações na espessura da litosfera, o que ocorre mais comumente em bordas continentais.
2. **Fossa submarina** – Trata-se de uma depressão estreita e alongada, cuja formação, no limite entre duas placas, é consequência da ducção descendente que a placa subductante exerce sobre a placa superior.
3. **Prisma de acreção** – Também chamado *cunha de acreção* ou *complexo de subducção*, nada mais é que o acúmulo de materiais (sedimentos) que a placa subductante agrega, por "raspagem", à placa superior na zona de subducção.
4. **Bacia antearco** – Ocorre na placa superior, entre o prisma de acreção e o arco magmático. Sua geometria é muito variada e sua espessura pode chegar a vários quilômetros. Tal diversidade decorre do fato de serem sítios deposicionais, nos quais se acumulam sedimentos provenientes do arco continental ou insular.

5. **Arco magmático** – Constitui, como afirmamos anteriormente, um conjunto de rochas ígneas intrusivas e vulcânicas que se forma acima de uma zona de subducção, dando origem a arquipélagos ou citurões vulcânicos.
6. **Orógeno** – Constitui as grandes cadeias montanhosas, cujo processo de formação é denominado *orogênese* (do grego *oros*, "montanha", e *genesis*, "origem"). Os orógenos, ou *cinturões orogênicos*, são resultantes da colisão continente-continente. Podem se desenvolver em arcos insulares, bordas continentais, placas superiores adjacentes a zonas de subducção (as chamadas *margens ativas*), bordas ativas (da placa superior) em processos de subducção.
7. **Bacia retroarco** – É uma bacia sedimentar relativamente rasa, embora possa alcançar extensões e larguras que podem atingir centenas de quilômetros. Forma-se na placa superior, atrás de um arco insular ou de um arco continental. Pode apresentar subsidência, falhamentos normais e acúmulo de sedimentos.
8. **Bacia de antepaís** – Forma-se por flexão e afundamento da litosfera de ambos os lados de uma cadeia montanhosa, durante processos orogênicos com crescimento vertical, horizontal, ou sob vigência de regime compressivo. É também denominada *flexural*.

Figura 1.6 – Esquema de bordas convergentes em perfil e diagramas simplificados

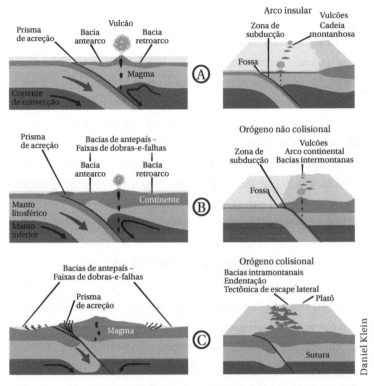

Fonte: Elaborado com base em Hasui et al., 2012, p. 78.

Notas:
[A] Interação de duas placas oceânicas indicando o zoneamento da fossa, prisma de acreção, bacia antearco, arco insular e bacia retroarco.
[B] Interação de uma placa oceânica com uma placa continenal.
[C] Colisão orogênica entre um continenente e uma placa subductante.

Cabe-nos, ainda, salientar que a designação *placa passiva*, por vezes empregada em referência à placa superior, não é correta, pois ela também participa do movimento de convergência.

1.4.1.3 Bordas transformantes

Além dos tipos de bordas de placas tectônicas de que tratamos até aqui, existem aquelas em que ocorre deslizamento horizontal, sem que haja criação ou destruição da crosta. As *bordas transformantes*, *direcionais* ou *conservativas*, como se denomina esse terceiro tipo de limite entre placas, são, na verdade, fraturas ou falhas[iii] ao longo das quais ocorrem deslocamentos transcorrentes. Embora não haja acréscimo nem consunção da crosta nesse tipo de borda, há intensa atividade geológica em torno dos limites entre as placas que a compõem, resultando em terremotos, vulcanismo e orogênese. O exemplo mais célebre de borda transformante é, sem dúvida, a Falha de San Andreas, na Califórnia, oeste dos Estados Unidos, formada pelo deslizamento entre as placas do Pacífico e Norte-Americana.

1.4.1.4 Margens continentais passivas

Quando uma massa continental se fragmenta e origina dois continentes que se afastam, suas bordas constituem margens passivas. Como exemplo, podemos citar as bordas atlânticas da América do Sul e da África, que, como mencionamos, estiveram unidas no passado, mas hoje integram dois continentes distintos. A denominação atribuída a essas feições tectônicas refere-se à relativa quietude geológica que as caracteriza. Por situarem-se em localizações distantes das bordas de subducção (margens ativas), não há nelas vulcões e terremotos, ou sua ocorrência é diminuta e esparsa (Press et al., 2006).

---

iii. Falhas são o resultado de deformações decorrentes de rupturas nas rochas que compõem a crosta terrestre.

No que se refere à descrição dos aspectos físicos da superfície terrestre, a margem passiva inclui a plataforma continental, com largura que pode alcançar, mais de 100 km e inclinação da ordem de 1:1.000, o talude continental (cerca de 3 km de profundidade) e o sopé continental.

Geologicamente, as margens passivas se caracterizam por riftes, que se formam por ocasião da ruptura continental e são assoreados por sedimentos e vulcânicas. (Hasui et al., 2012)

Figura 1.7 - Perfil esquemático de uma margem continental

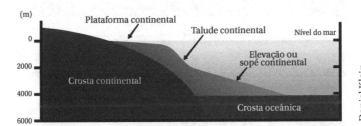

Fonte: Elaborado com base em Tessler; Mafriques, 2001, p. 265.

Os **riftes** originam-se em bacias oceânicas neoformadas em consequência da fragmentação dos continentes, num processo denominado, por isso mesmo, *rifteamento*, que consiste na formação de um vale de grandes extensões a partir de um movimento distensivo na crosta. Esse processo inicia-se em consequência de um aumento do fluxo térmico no manto, o qual provoca soerguimento e abaulamento da crosta continental no seu ponto de incidência, provocando fraturamento e extrusão de rochas máficas. O processo distensivo iniciado por esse fenômeno ocasiona falhas naturais e o desenvolvimento de estruturas conhecidas como *rift valleys*. Segundo Tassinari (2001, p. 109):

Com a continuidade do movimento distensivo, ocorre o adelgaçamento da crosta continental até que finalmente ocorra a ruptura desta crosta e o posterior desenvolvimento de uma crosta basáltica oceânica incipiente. Um novo oceano começa a se formar. À medida que o processo distensivo continua, a crosta oceânica e o oceano vão também aumentando.

Figura I.8 – Fragmentação de massa continental – formação de rifte e formação do assoalho oceânico

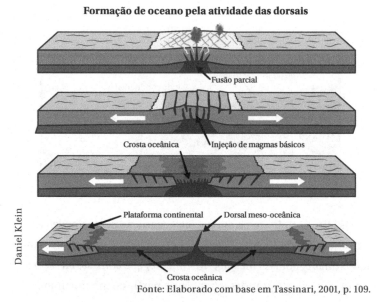

Fonte: Elaborado com base em Tassinari, 2001, p. 109.

I.4.1.5 Margens continentais ativas

As margens continentais que se enquadram nesta categoria situam-se em limites convergentes de placas tectônicas, a saber, nas zonas de subducção ou nas proximidades de falhas transformantes.

Tratam-se de áreas de grande atividade tectônica – formação de cordilheiras e outros processos orogênicos, por exemplo. Na América do Sul, temos um exemplo por excelência de margem continental ativa na costa do Pacífico, onde se encontra a Cordilheira dos Andes (Tassinari, 2001).

> E no futuro como ficarão as placas tectônicas? Conhecendo os sentidos e as velocidades de deslocamento das placas e considerando os mesmos tipos de forças que atuam hoje na movimentação delas, as projeções indicam que os vários continentes voltarão a se aglutinar em 250 Ma. Há pesquisadores que supõem, em virtude das incertezas da história geológica, a interrupção da tectônica de placas, com o decréscimo de elementos radioativos e esfriamento do planeta.

Crátons, plataformas e escudos

Preste atenção!

A litosfera continental pode ser subdividida em porções relativamente bem definidas, com base em características geológicas. As áreas estáveis do planeta, que representam cerca de 23% do total de sua superfície, são denominadas *crátons* ou *plataformas*. Os crátons referem-se a porções dos continentes que não são afetadas pela atividade tectônica das margens das placas. Ao processo de formação dessa área dá-se o nome de *cratonização*. As áreas definidas por núcleos cratônicos mais antigos, circundados por orógenos proterozoicos (faixas móveis) já consolidados, são as plataformas. Quando profundamente erodidas, com ampla exposição do embasamento, as áreas estáveis são conhecidas como *escudos* (Brito Neves, 1995).

Síntese

Neste capítulo, demonstramos que a construção do saber geológico depende da sua inter-relação com outras áreas do conhecimento. Tendo isso em mente, descrevemos a formação da Terra, demonstrando que a origem do planeta esteve intimamente ligada à do próprio universo. Em seguida, apresentamos aspectos da constituição interna da Terra, com suas respectivas camadas. Na sequência, abordamos a teoria da tectônica de placas, que descreve o movimento das placas continentais e as forças que atuam sobre elas, e que elucida a gênese de muitas das feições geológicas de grandes proporções que caracterizam o globo terrestre.

Atividades de autoavaliação

1. Analise as afirmações a seguir e classifique-as em verdadeiras (V) ou falsas (F):
   ( ) A nossa galáxia, a Via Láctea, tem aproximadamente 8 bilhões de anos. Nosso sistema solar, que se encontra dentro dessa formação, por sua vez, originou-se há cerca de 4,6 bilhões de anos.
   ( ) A posição da Terra em relação ao Sol definiu as características da composição interna e a densidade desse planeta.
   ( ) Para conhecer o interior do planeta, foi necessário o estudo da propagação de ondas sísmicas no interior da Terra.
   ( ) Existem dois tipos de vibrações sísmicas que se propagam em todas as direções, em um meio sólido: longitudinais e transversais. Nas longitudinais (ondas P), as partículas do meio vibram paralelamente à direção de propagação;

nas transversais (ondas S), a vibração das partículas é perpendicular à direção de propagação da onda.

( ) Rifteamento é um processo de formação de um vale de grandes extensões, a partir de um movimento distensivo na crosta.

Agora, assinale a alternativa que corresponde à sequência correta:

a) F, V, V, V, F.
b) F, V, V, V, V.
c) V, V, F, V, V.
d) V, V, V, V, V.
e) V, F, F, V, V.

2. (UCS, 2014) A Terra não é um todo homogêneo, mas é formada de camadas que se diferenciam de acordo com a espessura, a temperatura, a densidade e os materiais que as compõem.

Observe o desenho das camadas geológicas da Terra.

Camadas geológicas da Terra

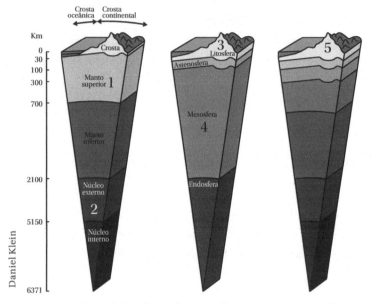

Fonte: Elaborado com base em Albuquerque; Bigotto; Vitello, 2010.

O número que corresponde, nas camadas da Terra, à Descontinuidade de Mohorovicic é:

a) 1
b) 2
c) 3
d) 4
e) 5

3. (IFPR, 2014) No início do século XX, um jovem meteorologista alemão, Alfred Wegener, levantou uma hipótese que hoje se confirma, qual seja: há 200 milhões de anos, os continentes formavam uma só massa, a Pangeia, que em grego quer dizer

"*toda a terra*", rodeada por um oceano contínuo chamado de *Pantalassa*. Com a intensificação das pesquisas, também se pode afirmar que, além dos continentes, toda a litosfera se movimenta, pois se encontra seccionada em placas, conhecidas como *placas tectônicas*, que flutuam e deslizam sobre a astenosfera, carregando massas continentais e oceânicas.

Muitas teorias foram elaboradas para tentar explicar tais movimentos e, recentemente, descobriu-se que a explicação está relacionada:

a) ao vulcanismo que movimenta o magma.
b) ao princípio da isostasia (*isos*, "igual em força"; *stasis* "parada").
c) ao princípio formador de montanhas conhecido por orogênese.
d) aos terremotos e aos vulcanismos, em razão de sua força na alteração das paisagens.
e) ao movimento das correntes de convecção que ocorrem no interior do planeta.

4. Analise as afirmações a seguir e classifique-as em verdadeiras (V) ou falsas (F):

( ) Percebem-se, nas margens dos continentes, evidências geológicas do movimento entre as placas de fragmentação ou junção, que são de dois tipos: ativas e passivas.

( ) A rígida litosfera, camada mais externa da crosta terrestre, está fragmentada em 13 placas, que se movimentam, de forma lenta e contínua, poucos centímetros por ano.

( ) As placas tectônicas deslizam sobre uma camada mais dúctil, a astenosfera, e à medida que se deslocam elas convergem ou separam-se umas das outras.

( ) É nos limites das placas que ocorrem os terremotos e a formação de vulcões, montanhas e riftes. Algumas feições geológicas desenvolvem-se graças às interações das placas nesses limites continentais.

( ) A teoria da tectônica de placas foi desconsiderada pela comunidade científica por não apresentar provas suficientes.

Assinale a alternativa que corresponde à sequência correta:
a) F, V, V, V, V.
b) F, V, V, V, F.
c) V, V, F, V, V.
d) V, V, V, F, V.
e) V, V, V, V, F.

5. (PUC Minas, 2012) A teoria da tectônica de placas explica como a dinâmica interna da Terra é responsável pela estrutura da litosfera, sendo **incorreto** afirmar que:

a) A litosfera é a parte rígida que compõe a crosta terrestre; é segmentada em placas que flutuam em várias direções sobre o manto.

b) O movimento das placas pode ser convergente ou divergente, aproximando-as ou afastando-as, ou ainda deslizando-as uma em relação à outra.

c) A tectônica é responsável por fenômenos como formação de cadeias montanhosas, deriva dos continentes, expansão do assoalho oceânico, erupções vulcânicas e terremotos.

d) As placas continentais e oceânicas possuem semelhante composição mineralógica básica, uma vez que essas placas compõem a crosta terrestre.

Atividades de aprendizagem

Questões para reflexão

1. Quais são os elementos básicos da tectônica de placas?

2. Que fatores permitiram que a vida se desenvolvesse na Terra?

Atividade aplicada: prática

Produza um texto com o máximo de informações sobre como serão as condições de vida no planeta Terra quando os vários continentes voltarem a se aglutinar (dentro de 250 Ma). Lembre-se de que essa é uma situação hipotética, mas que estaria condicionada à interação de vários fatores, que devem ser pesquisados nos tempos geológicos anteriores, quando as placas tectônicas encontravam-se em posições diferentes na litosfera.

Indicações culturais

Para aprofundar seus estudos sobre os conteúdos tratados neste capítulo, sugerimos as seguintes leituras:

ALLÉGRE, C. **Da pedra à estrela**. Lisboa: Dom Quixote, 1987.
GLEISER, M. **A dança do universo**: dos mitos de criação ao *Big Bang*. São Paulo: Companhia das Letras, 1997.

2 Tempo geológico

Neste capítulo, focaremos o tempo geológico, ou seja, explicaremos a cronologia do Sistema Terra com base nos registros das mudanças geológicas e ambientais ocorridas no planeta, desde a sua formação. Apresentaremos um breve panorama histórico sobre a concepção e o desenvolvimento da noção de *tempo geológico*, e abordaremos os conceitos e procedimentos científicos sobre os quais ela foi fundamentada (estratigrafia, datação relativa e absoluta etc.). Trataremos, em suma, de transformações cuja ocorrência se dá em escalas de tempo muito amplas, tendo sempre em vista que o encerramento de cada uma das etapas desse longo processo significa o ponto de partida de outra.

2.1 Escala de tempo geológico

É denominado *tempo geológico* o intervalo transcorrido desde a formação da Terra até os dias presentes. Como explicitamos no Capítulo 1, esse intervalo compreende cerca de 4,6 bilhões de anos (Ba). Cabe perguntar, então, como é possível aos humanos, com suas vidas breves, mensurar uma duração tão imensa que chega a ser quase inimaginável?

A resposta a essa pergunta está, basicamente, no fato de que, no decorrer dos últimos três séculos, em particular, as ciências tiveram um avanço notável, tanto em termos metodológicos quanto técnicos. Isso implicou um grande aprimoramento da capacidade humana de desvendar os mistérios do planeta: áreas do conhecimento tão variadas como a biologia celular ou a física de partículas tiveram tamanha expansão que até mesmo o modo como os homens interpretam a realidade passou por transformações consideráveis. Com a geologia, não foi diferente. Ao longo deste capítulo, evidenciaremos que a compreensão da configuração atual do planeta como consequência dos fenômenos que determinaram sua origem e evolução, fomentada por conhecimentos e recursos técnicos e metodológicos resultantes da interação entre a geologia e outras ciências, como a física e a biologia, permitiu que o estudo da Terra aprimorasse sua capacidade de decifrar os numerosos indícios presentes nas rochas; foi esse conhecimento que possibilitou reconstituir a longa história do nosso planeta.

As primeiras noções de que os minerais conservam registros de um passado remoto, os quais poderiam ser tomados como parâmetros para a datação de formações geológicas foram desenvolvidas, principalmente a partir do século XVIII, por naturalistas europeus que observaram que certos fósseis que se revelaram em relevos sedimentares apareciam sempre na mesma ordem, em várias localizações do globo. Essa observação levou tais estudiosos a indagarem se tais achados estariam relacionados com os processos que levaram à formação dos terrenos fossilíferos e se, com base neles, seria possível determinar a idade dos relevos estudados.

Hoje é possível estabelecer a idade aproximada das rochas por meio do estudo dos fósseis e das camadas estratigráficas que compõem um relevo sedimentar. Atualmente é também possível obter uma datação bastante exata – e com grande margem de segurança – de um mineral ou de uma formação geológica com base na medição do teor de isótopos radioativos e radiogênicos neles presentes. Detalharemos esses métodos no decorrer deste capítulo; antes disso, porém, precisamos explicar a escala temporal com base na qual se realiza essa datação.

Para suprir a necessidade de ordenar os eventos do passado do planeta e uniformizar a notação dos registros dos diversos períodos da história geológica da Terra, os geólogos propuseram uma escala de tempo padronizada, que é hoje aplicada no mundo todo: a **escala de tempo geológico**, dividida em intervalos denominados *unidades cronoestratigráficas*: **éons**, **eras**, **períodos**, **épocas** e **idades**.

É importante salientarmos, também, que o início de cada um desses intervalos coincide com algum fenômeno marcante, que exerceu impacto relevante para a evolução do planeta; por exemplo: o aparecimento de certos seres vivos que, por sua vez, é consequência do desaparecimento de outros seres, que viveram no intervalo imediatamente anterior. Alguns desses eventos tiveram tamanha repercussão sobre a configuração da face da Terra, que é como se ela tivesse se transformado em outro planeta, praticamente irreconhecível. Fairchild, Teixeira e Babinski (2001, p. 314) propõem a seguinte reflexão acerca das reconfigurações sucessivas testemunhadas pela história geológica: "Se pudéssemos regressar no tempo, observaríamos fauna, flora, continentes e até atmosfera cada vez menos familiares, até que, finalmente, nos primórdios do tempo geológico, possivelmente não mais reconheceríamos nosso próprio planeta, tamanha sua diferença dos dias de hoje".

Transformações tão impactantes deixaram marcas sobre a superfície do planeta, assim como as diferentes feições que predominaram sobre a crosta terrestre durante cada um dos intervalos certamente ficaram de algum modo inscritas nessa superfície. Foi com base nas informações desses *rastros geológicos* de eras passadas que especialistas adotaram uma **escala do tempo**

geológico, a qual permite mensurar o tempo de existência do planeta. Apresentaremos, a seguir, como se organiza essa escala.

A história da Terra pode ser dividida, primeiramente, em quatro éons:

1. Hadeano
2. Arqueano
3. Proterozoico
4. Fanerozoico

Com exceção do primeiro, os éons subdividem-se em intervalos chamados **eras**. O que diferencia uma era geológica é o modo como os continentes e oceanos se distribuíam sobre a superfície terrestre e também as diferentes espécies de seres vivos que habitavam esses continentes e mares.

A era, por sua vez, divide-se em **períodos**, cada um dos quais pode ser considerado uma unidade fundamental na escala do tempo geológico. As únicas eras que não se dividem em períodos são as do éon Arqueano.

Um período pode ser segmentado em intervalos cronoestratigráficos ainda menores, identificados pelos geólogos como *épocas*. Apenas os períodos do éon Proterozoico são desprovidos de tais ramificações.

A menor divisão do tempo geológico é denominada *idade*. Sua duração pode chegar a cerca de 6 milhões de anos (Ma), embora haja idades com menos de 1 Ma. Somente as épocas mais recentes são divididas em idades.

A escala de tempo geológico adotada nesta obra fundamenta-se nas proposições de Gradstein, Ogg e Smith (2005), de Ogg, Ogg e Gradstein (2008), da International Commission on Stratigraphy – ICS (2017a) e da International Union Of Geological Science – IUGS (2017).

Iniciaremos a análise da escala do tempo geológico pelo estudo de cada um dos éons que compuseram a história do planeta Terra.

2.1.1 Éon Hadeano

A denominação desse éon faz referência ao deus grego *Hades*, conhecido pelos romanos como Plutão, divindade que presidia o mundo subterrâneo. Esse éon se iniciou quando os planetas do Sistema Solar começaram a se formar e se estendeu desde cerca de 4,54 até 3,85 Ba atrás, quando a crosta terrestre começou a resfriar e apareceram as primeiras rochas. Trata-se de uma classificação que não é isenta de ressalvas, uma vez que não deixou registros identificáveis na crosta terrestre (Press et al., 2006). A IUGS, por exemplo, não o reconhece como éon independente, e considera-o como etapa integrante do Arqueano. Entretanto, a distinção entre esses dois éons é defendida por grande parte dos geólogos.

2.1.2 Éon Arqueano

O Arqueano, como afirmamos, é considerado por uma parcela dos geólogos como o mais antigo éon da história terrestre. É assim denominado a partir da palavra grega *archaios*, que significa "antigo". Sua vigência estendeu-se de 3,85 Ba, quando se formaram as primeiras rochas, até há cerca de 2,5 Ba. São poucas as rochas constituídas durante esse éon que ainda podem ser identificadas como tais, uma vez que a crosta terrestre passou por grandes modificações. Tratam-se, principalmente, de rochas ígneas intrusivas e metamórficas.

Nas fases iniciais desse intervalo geológico, o interior da Terra apresentava temperaturas elevadíssimas, com um fluxo térmico que chegava a ser três vezes maior do que o atual. Apesar disso, uma vez que, segundo a astronomia, a temperatura solar era, então,

30% mais baixa, as temperaturas na superfície não diferiam muito das observadas no presente.

O Arqueano foi um período de atividade vulcânica intensa e, embora não existissem ainda grandes continentes, foi no decorrer desse período da história da Terra que se estabeleceu o sistema da tectônica de placas, ainda que este operasse de modo distinto do que se verifica em nossos dias (Press et al. 2006).

A atmosfera arqueana era rica em dióxido de carbono (CO_2) e a taxa de oxigênio (O_2) era inferior a 1% da atual. Não obstante, as primeiras formas de vida, constituídas provavelmente de organismos procariontes, já proliferavam nas águas mais ácidas do imenso oceano que cobria a maior parte da superfície do planeta. Eucariontes não foram identificados em rochas desse período, embora isso talvez se deva à ausência de fósseis bem preservados. Os mais notáveis registros fósseis desse período são de <u>estromatólitos</u>, que mostram evidências da atividade das cianobactérias que, há 3,5 Ba, revestiam o fundo dos mares, formando estruturas semelhantes a tapetes.

O Arqueano subdivide-se em quatro eras:

1. **Eoarqueano** (de 3,85 a 3,6 Ba): fase em que a Terra começou a experimentar um resfriamento suficiente para que houvesse as primeiras ocorrências de crosta solidificada. Acredita-se que nesse período tenha ocorrido também o chamado *intenso bombardeamento tardio* (IBT), um recrudescimento do número de meteoritos que atingia a superfície terrestre, com impactos intensos, repetidos e extensivos.

2. **Paleoarqueano** (de 3,6 a 3,2 Ba): Nessa fase, formaram-se os primeiros continentes. Acredita-se, até mesmo, que nessa era tenha ocorrido a formação do primeiro supercontinente terrestre, chamado *Vaalbara* (nome derivado da fusão das

denominações de dois crátons que teriam originalmente feito parte desse continente: o Kaapvaal, na África do Sul, e o Pilbara, na Austrália). Há divergências entre os geólogos sobre a existência de movimentos de placas tectônicas durante o paleoarqueano.

3. **Mesoarqueano** (3,22 a 2,8 Ba): Ocorreu, nessa era, a Glaciação Pongola, primeiro grande evento glacial a afetar a superfície terrestre. Também nessa era, o supercontinente Vaalbara começou a se dividir. No entanto, outra formação cratônica configurou-se nesse momento do éon Arqueano: o supercontinente Ur. Há grande ocorrência de estromatólitos originários desse período, o que indica que havia considerável proliferação de vida na Terra.

4. **Neoarqueano** (2,8 a 2,5 Ba): Há evidências de que nessa era a tectônica de placas era bastante semelhante à da atualidade. Bacias sedimentares bem preservadas e indícios fornecidos por fraturas intracontinentais, colisões entre continentes e eventos orogênicos globais sugerem o surgimento e posterior destruição de um ou vários supercontinentes. Predominava a água em estado líquido e havia bacias oceânicas profundas, como demonstra a presença de formações ferríferas bandadas decorrentes da precipitação do ferro no fundo dos oceanos, a ocorrência de depósitos de *chert*, de sedimentos químicos e de basaltos em forma de *pillow lava* (rochas em forma de almofadas que se originam da extrusão de lava sob uma grande massa de água).

2.1.3 Éon Proterozoico

O Proterozoico estendeu-se de 2,5 Ba a 545 Ma. Esse longo éon foi palco de alguns dos mais importantes eventos da história da

Terra e da vida: a formação dos continentes e das placas tectônicas atuais; a intensificação dos processos orogênicos; a oxigenação da atmosfera pelos organismos fotossintetizantes e a consequente extinção em massa dos organismos anaeróbicos que predominavam anteriormente (um fenômeno conhecido como *catástrofe do oxigênio*); e o desenvolvimento dos organismos eucariontes e dos primeiros seres multicelulares.

Durante esse éon, também tiveram origem formações ferríferas bandadas (FFBs)[i], resultantes da fixação do oxigênio (oxidação) produzido por fotossíntese no ferro solubilizado na água do mar, que então passou a se precipitar, formando extensos depósitos no solo oceânico. É nas FFBs que se concentram os maiores depósitos de ferro da Terra. Essas camadas de óxido de ferro formaram-se há aproximadamente 2,5 a 2 Ba.

Como podemos perceber, **o advento e a evolução da vida** tiveram consequências extremamente impactantes para a constituição do Sistema Terra. Tão impactantes que o Proterozoico é dividido em três eras, cujas denominações tomam como referências os eventos paleontológicos mais marcantes de cada uma delas[ii]:

1. **Paleoproterozoica** (de 2,5 a 1,6 Ba) – Era em que surgiram os primeiros seres eucariontes.
2. **Mesoproterozoica** (de 1,6 a 1,0 Ba) – Era em que surgiram os primeiros seres de reprodução sexuada, uma evolução que se tornou viável em razão do advento de uma atmosfera rica em oxigênio (O_2) e ozônio (O_3), já semelhante à atual. O ozônio presente nessa atmosfera passou a proteger a superfície terrestre

---

i. Em inglês, a sigla equivalente é BIFs, para *banded iron formations*.

ii. O termo *proterozoico* tem como origem etimológica os radicais gregos *próteros*, que significa "anterior, primeiro, primordial", e *zoé*, que significa "vida". Portanto, *vida primordial*.

contra a radiação ultravioleta, nociva aos cromossomos. Entre esses novos tipos de organismos vivos predominavam as algas multicelulares, que surgiram há aproximadamente 1,3 Ba.

3. **Neoproterozoica** (1 Ba a 542 Ma) – Associam-se a essa era as primeiras evidências da ocorrência de seres multicelulares marinhos, encontradas inicialmente nas colinas de Ediacara, na Austrália (daí a denominação *Ediacarano*, atribuída ao período mais recente dessa era) e posteriormente em outras regiões.

Há cerca de 900 Ma, os continentes encontravam-se unidos numa única massa, chamada *Rodínia*, que se fragmentou no final do Proterozoico, dando origem aos quatro paleocontinentes:

1. Laurência (América do Norte, Escócia, Irlanda do Norte, Groenlândia);
2. Báltica (parte centro-norte da Europa);
3. Sibéria, unida ao Cazaquistão;
4. Gondwana (América do Sul, África, Austrália, Antártida, Índia, Península Ibérica – sul da França).

No Éon Proterozoico, formaram-se amplas plataformas continentais em torno dos núcleos cratônicos arqueanos mais estáveis, constituídas predominantemente por granitos e gnaisses. Contudo, à medida que as áreas continentais se estruturaram, iniciou-se uma vasta deposição de sedimentos nas plataformas continentais a elas associadas, o que deu origem a formações de rochas sedimentares, como arenitos, calcários, arcoses e folhelhos.

2.1.4 Éon Fanerozoico

O Éon Fanerozoico é o que compreende o período atual, embora tenha se iniciado há 543 Ma. O termo *fanerozoico* deriva dos vocábulos gregos *phanerós*, que significa "visível", e *zoikós*, que quer dizer "ser vivo, animal". Essa denominação deve-se ao fato de que muitas formações sedimentares originárias desse éon apresentam conchas e outros fósseis em abundância, incluindo também, por vezes, ossos de vertebrados. Com raras exceções, foi durante esse éon que se formaram as reservas de petróleo e gás natural.

O Fanerozoico subdivide-se em três eras: Paleozoica, Mesozoica e Cenozoica. Vejamos, a seguir, algumas das principais características de cada uma delas.

2.1.4.1 Era Paleozoica

Essa era estendeu-se de 543 a 251 Ma. Abrange, portanto, pouco menos de 300 Ma: quase metade do Éon Fanerozoico. Durante essa era, a América do Sul, a África, a Índia e a Austrália estavam unidas no supercontinente Gondwana. A Era Paleozoica subdividiu-se em seis períodos geológicos: Cambriano, Ordoviciano, Siluriano, Devoniano, Carbonífero e Permiano, do mais antigo para o mais recente.

No **Cambriano**, os seres vivos desenvolveram ampla diversidade evolutiva e, pela primeira vez, expandiram-se por toda a Terra. O florescimento da vida nesse intervalo geológico foi tão intenso, que hoje os especialistas se referirem a ele como *explosão cambriana*. Todos os grandes grupos de invertebrados, com destaque para os animais marinhos (graptozoários, trilobitas, moluscos, briozoários, braquiópodes, equinodermos, corais etc.), surgiram nesse período.

No **Período Ordoviciano** surgiram os primeiros peixes, ainda primitivos. Recentemente, foram também encontrados, em formações ordovicianas, indícios de esporos de plantas primitivas, um achado que sugere que nesse período as plantas tenham começado a se disseminar pelas terras emersas.

No **Siluriano**, período em que grande parte das terras que compõem os continentes atuais já se encontrava emersa, originaram-se as plantas terrestres mais antigas. Quanto à fauna, alguns dos adventos silurianos foram os peixes de água doce e os dotados de mandíbulas, alguns insetos e centopeias.

O **Devoniano** é caracterizado por uma intensa sedimentação continental intercalada eventualmente por depósitos sedimentares marinhos. Os mares devonianos apresentavam grande profusão de formas de vida, incluindo corais, crinoides, braquiópodes (seres dotados de conchas), amonites (cefalópodes dotados de carapaça córnea), peixes e artrópodes. Nos continentes, havia variedades de plantas, insetos, moluscos, e peixes. Estes, aliás, chegaram a desenvolver pulmões que possibilitavam um modo de vida anfíbio – provavelmente os primeiros vertebrados a fazer investidas pela terra firme.

Para pormenorizarmos as feições do **Carbonífero**, período que se estendeu de 360 a 290 Ma, podemos dividi-lo em duas etapas: inferior e superior. No Carbonífero Inferior predominam sedimentos de origem marinha, com ocorrência frequente de calcário biogênico (constituído à base de carbonato de cálcio proveniente de conchas, corais e outros organismos vivos). Os principais achados paleontológicos originários dessa época incluem braquiópodes, crinoides, corais e bivalves. No Carbonífero Superior, ao contrário, há incidência muito expressiva de sedimentos de origem fluvial e lacustre. Nesse intervalo houve grande abundância de plantas, especialmente fetos arborecentes (como o xaxim), que chegavam a atingir 20 metros de altura. A denominação dessa era geológica, a propósito, deve-se à abundância de rochas fósseis de origem vegetal como o carvão, e também o xisto betuminoso, e mesmo o petróleo. Quanto à fauna, essa era apresentava moluscos de água doce, peixes diversificados e, eventualmente, anfíbios. No Carbonífero Superior, surgiram os primeiros répteis.

Última fase da Era Paleozoica, o **Permiano** durou de 290 a 252 Ma. Trata-se de um período de sedimentação principalmente continental. Isso, somado ao fato de os continentes permianos serem predominantemente secos, dificultou a preservação de fósseis. Ainda assim, sabe-se que a fauna permiana era bastante rica, com moluscos como a amonita, insetos, foraminíferos (seres unicelulares protistas dotados de carapaças calcárias) e braquiópodes. Entre os vertebrados, havia grande ocorrência de anfíbios e, principalmente, de répteis, animais que teriam grande desenvolvimento nos períodos que se seguiriam, como o Triássico e o Jurássico. No Permiano aconteceu o surgimento dos cinodontes, animais que já apresentavam algumas características dos mamíferos comuns na atualidade.

O final do Período Permiano foi marcado pela maior extinção em massa registrada na história do planeta: 90% das espécies marinhas e 65% das terrestres foram dizimadas.

2.1.4.2 Era Mesozoica

A **Era Mesozoica** compreende um intervalo entre 251 e 65,5 Ma e abrange os períodos Triássico, Jurássico e Cretáceo. No início dessa era, no **Triássico Inferior**, as terras emersas do planeta estavam concentradas num único continente, a **Pangeia**. No **Triássico Médio**, esse continente se fragmentou em dois: **Laurásia**, situada ao Norte, e **Gondwana**, ao Sul, separados pelo Mar de Tétis.

Figura 2.1 - Reconstituição dos paleocontinentes Laurásia e Gondwana

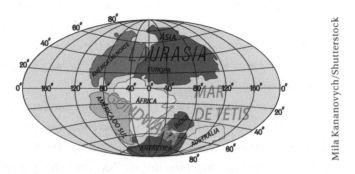

No final do Cretáceo, esses supercontinentes já haviam se dividido em crátons menores, que já começavam a apresentar a conformação aproximada dos continentes atuais (Figura 2.2)

Figura 2.2 - Movimentação dos paleocontinentes no decorrer dos períodos Jurássico, Cretáceo e Presente

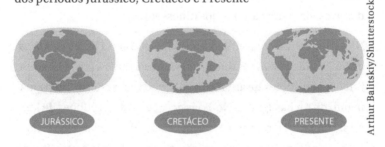

A temperatura global era muito mais elevada que a atual e, por esse motivo, não existiam as calotas polares. Uma vez que havia relativamente poucas faixas costeiras para moderar a temperatura no interior do continente, Pangeia estava sujeita a grandes variações térmicas e coberta por amplas faixas desérticas. Não obstante, as regiões próximas ao equador abrigavam um exuberante cinturão de floresta tropical úmida, que propiciou o desenvolvimento de uma fauna e de uma flora bastante diversificadas.

A flora da Era Mesozoica caracterizou-se pelo desenvolvimento de gimnospermas, principalmente grandes coníferas, que compunham uma paisagem de grandes florestas. Além disso, foi também nessa era que surgiram as primeiras angiospermas (plantas com flores).

A fauna mesozoica foi inquestionavelmente dominada pelos grandes répteis, o que tornou comum a referência a esse intervalo do tempo geológico como a "Era dos Dinossauros". Desde o advento do Terciário, quando répteis de grandes dimensões passaram a disputar a primazia do oceano com amonites e outros moluscos, até o fim do Cretáceo, quando essas criaturas de dimensões monstruosas desapareceram da face da Terra, os dinossauros foram as espécies predominantes. Além deles, porém, outras classes de vertebrados evoluíram nesses períodos. É o caso dos primeiros mamíferos propriamente ditos, ainda de pequenas dimensões, e das aves, herdeiras diretas dos dinossauros.

No sul das regiões que viriam a formar o que hoje compõe a África do Sul, o Brasil e a Argentina, ocorreram, durante a era Mesozoica, intensos episódios de atividade vulcânica com enorme derramamento de rochas ígneas. No Triássico, cerca de 2 milhões de km² no sul do Brasil foram cobertos por lavas, cujo resfriamento viria a formar os basaltos que compõem a bacia do Paraná e constituem a maior área de rochas vulcânicas expostas do mundo.

2.1.4.3 Era Cenozoica

A terceira e última fase do Éon Fanerozoico – e também a mais recente – é a Era Cenozoica, que teve início há 65,5 Ma e estende-se até o período atual. A Era Cenozoica era subdivida nos períodos Terciário e Quaternário até 2004, quando essas classificações foram substituídas pelas novas denominações: *Paleógeno* e *Neógeno*. Em maio de 2009, porém, uma decisão da ICS reabilitou o Quaternário, que passou a ser considerado como o terceiro período da Era Cenozoica. Portanto, a Era Cenozoica dividide-se em três períodos:

1. **Paleógeno** (de 65,5 a 23,03 Ma) – Íntegra as épocas, Paleoceno, Eoceno e Oligoceno.
2. **Neógeno** (de 23,03 a 2,6 Ma) – Compreende as épocas Mioceno e Plioceno.
3. **Quaternário** (de 2,6 Ma até a atualidade) – Abrange as épocas Pleistoceno e Holoceno.

Ao longo da Era Cenozoica, a superfície da Terra adquiriu sua forma atual. Essa era foi marcada por intensa movimentação continental, forte atividade vulcânica e formação de litosfera em vários pontos da superfície terrestre, o que resultou na constituição dos arcos de ilha atuais. Também em consequência da atividade tectônica acentuada, foi no decorrer da Era Cenozoica que se formaram as mais altas cadeias montanhosas do planeta – como a Cordilheira dos Andes, os Alpes, o Himalaia e as Montanhas Rochosas. As alterações marcantes no relevo dos continentes deram origem a novas áreas de expansão para a biota, mas também impuseram barreiras para a migração dos seres vivos.

Todas essas transformações associadas à deriva dos continentes, portanto, modificaram latitudes, influenciaram a distribuição terrestre dos animais e vegetais e determinaram a extinção de numerosas espécies.

A seguir, expomos algumas das principais características da configuração dos continentes ao longo da Era Cenozoica e as principais mudanças ocorridas durante os períodos que a integram.

Período Paleógeno

Paleoceno
- » A Europa e a América do Norte estavam unidas.
- » A Austrália encontrava-se unida à Antártida.
- » A Índia ainda estava separada da Ásia.
- » Como a separação entre a América do Sul e a África era um evento recente, a área do Oceano Atlântico era ainda pequena.

Eoceno
- » A Europa e a América do Norte se separaram.

Oligoceno
- » A Austrália se separou da Antártida.
- » A Antártida foi coberta por geleiras.
- » Embora uma parcela do que hoje constitui a América do Sul já se encontrasse unida à América do Norte no início dessa era, esses continentes posteriormente se separaram, permanecendo apartados durante grande parte da Era Cenozoica.

Período Neógeno

Mioceno
- » Modificações na distribuição das terras continentais determinaram uma mudança nos padrões de circulação global.
- » Os climas se tornaram mais quentes e secos.
- » Estabeleceu-se uma ligação entre a Sibéria e o Alasca pelo Estreito de Bering, o que favoreceu um grande fluxo migratório de seres vivos.

» A Índia começou a chocar-se com a Ásia, evento que determinou a formação da Cordilheira do Himalaia, a qual se estendou até o Plioceno.
» O istmo do Panamá começou a se formar, restaurando a ligação entre as Américas do Norte e do Sul.

Plioceno

» União das placas tectônicas das Américas do Norte e do Sul se consolidou.
» A calota polar antártica se desenvolveu.
» O clima global tornou-se mais frio e seco.

Período Quaternário

Pleistoceno

» Ocorreram vários episódios de resfriamento, as glaciações.
» A biota já era muito semelhante à atual.

Para saber mais

PaleoMap Project

O PaleoMap Project (Projeto PaleoMap) foi criado pelo geólogo Christopher Scotese, quando este era estudante de doutorado da Universidade de Chicago, com o objetivo de facilitar a compreensão do desenvolvimento das placas tectônicas oceânicas e continentais, e também de ilustrar as transformações ocorridas na distribuição de terra e mar durante o último 1,1 Ma.

Trata-se de um *site* que disponibiliza ilustrações que narram a história da Terra por meio de mapas paleogeográficos *full-color*, que mostram as faixas antigas de montanhas e costas, limites de placas ativas e o grau dos cintos paleoclimáticos.

O Projeto PaleoMap publica os resultados de suas pesquisas em uma variedade de formatos úteis para o ensino e a pesquisa. Embora ele seja publicado originalmente em inglês, você pode acessá-lo e solicitar a tradução das páginas que forem do seu interesse.

SCOTESE, C. R. **Paleomap Project**. Disponível em: <http://scotese.com/earth.htm>. Acesso em: 22 fev. 2017.

Também altamente recomendável é o trabalho da Comission for the Geological Map of the World (Comissão do Mapa Geológico do Mundo), uma organização sem fins lucrativos de nacionalidade francesa, cujo objetivo é produzir e publicar mapas do globo especificamente direcionados às ciências da Terra. O *site* da instituição pode ser acessado pelo seguinte *link*:

COMISSION FOR THE GEOLOGICAL MAP OF THE WORLD. Disponível em: <http://ccgm.org/en/>. Acesso em: 22 fev. 2017.

Essas sucessivas modificações na geomorfologia do planeta acarretaram, como comentamos anteriormente, transformações em todo o Sistema Terra. Expomos, a seguir, algumas especificidades das épocas que compõem a Era Cenozoica.

Com a separação entre Antártida e Austrália, no **Oligoceno**, uma corrente marítima passou a fluir entre esses continentes, o que levou a um resfriamento do clima da costa oeste australiana. O resultado da separação e do concomitante deslocamento das ilhas oceânicas da Nova Zelândia e da Nova Caledônia foi a conservação de parte da sua biota gondwânica, ainda hoje rica em relictos. Na Austrália, porém, o clima tornou-se cada vez mais árido, implicando mudanças evolutivas. Esse aspecto e a condição de isolamento desse cráton foram fundamentais para a constituição de sua fauna e flora endêmicas tão peculiares.

O **Neógeno** da Europa e da América do Norte se caracterizou por aumento do provincianismo e limitação da flora, ainda no Mioceno. A África se uniu à Eurásia. Formaram-se as grandes montanhas africanas e houve um processo de desertificação, fenômenos que mudaram radicalmente o clima do norte da África.

No **Plioceno** (período Neógeno), ocorreu o levantamento das ilhas localizadas entre as duas Américas; originou-se assim o istmo do Panamá, e a comunicação que havia entre o Mar do Caribe e o Oceano Pacífico foi interrompida. Como consequência, passou a haver intercâmbio da flora e da fauna que estavam isoladas desde o Cretáceo, ao longo de todo o continente americano.

O **Pleistoceno**, que perdurou ao longo de 1,6 Ma, e o **Holoceno** (Período Quaternário), que se refere aos últimos 10 mil anos, pela sua ocorrência mais recente, são os intervalos sobre os quais se tem mais informações paleoecológicas. Embora sejam intervalos de menor duração sob a perspectiva geológica, são essenciais para a civilização contemporânea.

O **Quaternário** foi um tempo de variações climáticas imensas, em que se alternaram longos períodos de temperatura extremamente baixa (as glaciações) e fases de climas similares ao atual (as interglaciais). Apesar de terem ocorrido grandes glaciações em tempos mais remotos (Proterozoico e Permocarbonífero), o Quaternário ficou conhecido como a *Grande Idade do Gelo*.

O estudo de sedimentos do solo oceânico, combinado a análises de isótopos de oxigênio, revelou a ocorrência de pelo menos 16 ciclos em que houve considerável diminuição da temperatura da superfície do mar, o que é um indício da existência de glaciações. As cinco glaciações reconhecidas com base em evidências geomorfológicas foram denominadas de acordo com a região onde foram descritas. As mais conhecidas são a dos Alpes e a do vale do rio Reno. O Quadro 2.1 exemplifica as sequências de ocorrência e a correlação entre elas. A mais antiga é a do Danúbio (Donau), a mais recente é a Würm-Wisconsiana, que começou há 100 mil anos e terminou há cerca de 12 mil anos.

Quadro 2.1 – Principais glaciações do Quaternário[iii]

Alpes e Reno	Ilhas Britânicas	Norte da Europa	América do Norte	Posição no Pleistoceno
WÜRM	NEWER	WEICHSEL	WISCONSIN	Superior
Riss-Würm	DRIFT	Eemian	Sangamon	Superior
RISS	Ipswichian	SAALE	ILLINOIAN	Superior
Mindel-Riss	GRIPPING	Holstein	Yarmouth	Médio
MINDEL	Hoxnian	ELSTER	KANSAN	Médio
Günz-Mindel	LOWESTOFT	Cromerian	Aftonian	Médio
GÜNZ	Cromerian			Inferior
Donau-Günz	NEBRASKAN			Inferior
DONAU				Inferior

Fonte: Elaborado com base em Salgado-Labouriau, 1996, p. 259.

Também no Pleistoceno, há cerca de 450 mil anos, surgiu o hominídeo mais antigo de que se tem notícia; o *Homo heidelbergensis*. Especialistas divergem quanto ao aparecimento do *Homo sapiens*, que teria surgido há aproximadamente 150 mil, 250 mil ou 300 mil anos antes do *Homo neanderthalensis*. No Pleistoceno Inferior, um número considerável de hominídeos passou pela Terra, como o *Australopithecus*, da África do Sul; o *Pithecanthropus erectus*, ou Homem de Java; e o *Sinanthropus pekinensis*, ou Homem de Pequim.

---

iii. Em maiúsculas estão as glaciações, e em minúsculas, os interglaciais.

Preste atenção!

Antropoceno: uma nova época geológica?

No ano 2000, o químico holandês Paul Crutzen, ganhador do Prêmio Nobel de Química por seus estudos sobre a formação e a decomposição do gás ozônio na atmosfera terrestre, e o biólogo Eugene Stoermer propuseram a tese de que as alterações profundas causadas pela atividade humana sobre a crosta terrestre seriam suficientes para caracterizar uma nova época geológica. Stoermer denominou-a *Antropoceno*, termo que foi retomado por Crutzen e popularizado, primeiramente na comunidade científica e posteriormente pelos meios de comunicação.

Embora seja sem dúvida um grande desafio demonstrar a validade de uma hipótese como essa, uma vez que ela se refere a um processo muito recente, quando comparado com a história geológica da Terra, os cientistas elencam uma série de transformações de origem antrópica (humana) que poderiam ser tomadas como evidências da existência do Antropoceno: erosão e transporte de sedimentos associados com diversas atividades humanas, como a agricultura e a mineração; alteração da composição química dos solos; aquecimento global pela produção de gases de efeito estufa decorrente de atividades industriais e agrícolas; acidificação das águas oceânicas; extinção de espécies e alteração da biosfera pela ação humana; interferências nos ciclos de vários elementos químicos, como o do carbono, do nitrogênio, do fósforo e de vários metais, entre outras perturbações importantes (ICS, 2017b).

Embora a ocorrência do Antropoceno não seja ainda oficialmente aceita como unidade geológica, ela encontra-se atualmente em estudos por um grupo de trabalho da ICS.

2.2 Datação

Em geologia, o termo *datação* refere-se à metodologia empregada para determinar a idade das formações geológicas estudadas, ou seja, para estimar há quanto tempo determinada formação surgiu. Como se pode facilmente imaginar, não é um procedimento fácil, uma vez que o conhecimento geológico trata de períodos temporais extremamente longos, que, como explicitamos, chegam a abranger bilhões de anos, de modo que a observação direta é, na maioria das vezes, impossível. Como consequência, os geólogos habitualmente recorrem a métodos indiretos, o que significa decifrar o significado dos fenômenos analisados (incluindo a datação geológica), com base em indícios registrados nas rochas, durante seu processo de formação. No entanto, Fairchild, Teixeira e Babinski (2011, p. 306) lembram que "Esse exercício trabalhoso é complicado ainda mais pela natureza incompleta e, comumente, muito complexa do registro e também em função da superposição e repetição de fenômenos ao longo da história geológica".

Como se pode imaginar, estabelecer com exatidão a datação de um fenômeno com base em elementos tão imprecisos ou, pelo menos, tão variáveis, representa um problema. Atualmente, as estratégias empregadas para resolvê-lo dizem respeito a dois tipos de datação: a determinação da **idade relativa** das camadas de rochas sedimentares, que permite apenas ordenar cronologicamente os eventos geológicos, mas não delimitar com precisão o tempo decorrido desde sua ocorrência; a determinação da **idade absoluta** ou **isotópica** das rochas, ou seja, o cálculo dos anos transcorridos desde a sua formação.

Nas seções seguintes, detalharemos esses sistemas de datação e os métodos geocronológicos associados a cada um deles.

2.2.1 Datação relativa

Impelidos pela necessidade de desenvolver métodos de prospecção de minerais e minérios para exploração econômica, naturalistas dos séculos XVIII e XIX constataram que certos conjuntos de fósseis ocorriam sempre na mesma profundidade relativa. Tal fato sugeria que sua disposição em diversos terrenos seguia um ordem, provavelmente de natureza cronológica. Posteriormente, conforme Fairchild Teixeira e Babinski (2011, p. 314, grifos do original) o topógrafo inglês William Smith, o anatomista Georges Cuvier e o mineralogista Alexander Brongniart "concluíram que essa constatação permitia estabelecer a equivalência temporal, ou seja, a **correlação fossilífera ou bioestratigráfica** entre faunas e floras fósseis iguais, mesmo que contidas em litologias diferentes e em sequências distantes entre si". Instituía-se, assim,

> o princípio da sucessão biótica (ou faunística/florística), que estabelece ser possível ordenar cronologicamente rochas fossilíferas pelo caráter de seu conteúdo fóssil, pois cada período, época ou subdivisão do tempo geológico apresenta um conjunto particular de fósseis, representativo dos organismos que viviam naquele tempo. (Fairchild; Teixeira; Babinski, 2001, p. 314)

A proposição de que seria possível relacionar a ocorrência de fósseis em diversas profundidades a diferentes períodos do tempo geológico foi apresentada pela primeira vez pelo agrimensor inglês William Smith, em 1793. Smith, que era fascinado por fósseis, observou que, em terrenos sedimentares, camadas de profundidades diferentes continham fósseis de espécies distintas. Com base nessa constatação, Smith concluiu que era possível reconhecer uma sequência estratigráfica entre as camadas de diferentes terrenos, com base nos fósseis que estes contêm. Assim, se terrenos localizados em pontos geográficos distantes entre si apresentarem fósseis das mesmas espécies de seres vivos, esses terrenos provavelmente pertencem ao mesmo conjunto estratigráfico. Smith denominou esses conjuntos de formações.

> Uma **formação** é um conjunto de camadas de rochas de uma região que tem as mesmas propriedades físicas, podendo conter a mesma associação de fósseis. Algumas formações consistem em um único tipo de rocha, como o calcário. Outras são camadas delgadas e intercaladas de diferentes tipos de rochas, como arenitos e folhelhos. Apesar de sua variedade, cada formação compreende um conjunto distintivo de camadas rochosas que pode ser reconhecido e mapeado como uma unidade. (Press et al., 2006, p. 252, grifo do original)

A ordem estratigráfica, ou seja, a sequência de camadas ou estratos geológicos com seus respectivos fósseis, é conhecida como sucessão faunística.

A grande contribuição de Smith à geologia foi, portanto, usar a sucessão faunística para correlacionar rochas de diferentes afloramentos como integrantes de uma formação (**correlação fossilífera** ou **bioestratigráfica**) (Figura 2.4).

Figura 2.4 - Correlação fossilífera ou bioestratigráfica e exemplo de fóssil de voador

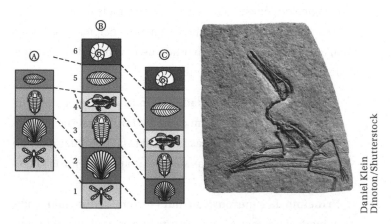

Na Figura 2.4, além de um exemplo de fóssil de animal voador, é possível observar um exemplo de correlação fossilífera. As colunas A, B e C representam seções estratigráficas de um mesmo intervalo de tempo para comparação e revelam a sequência de fósseis de diferentes espécies depositados em profundidades distintas de um terreno. Cada nível dessas colunas representa um estrato. As camadas 1 a 6 da seção B podem ser correlacionadas às das outras seções, ainda que nestas estejam ausentes alguns estratos, representando sucessões bióticas equivalentes. Todo esse processo será pormenorizado na seção a seguir.

2.2.1.1 Estratificação ou acamamento

Se a sequência de fósseis de espécies variadas que ocorrem em diferentes profundidades de um terreno constitui, como afirmamos, uma sucessão faunística, a sequência de distribuição vertical das camadas de rochas sedimentares que contêm esses fósseis é denominada *sucessão estratigráfica*. Esse é um conceito importantíssimo para a datação geológica, uma vez que é um registro cronológico da gênese geológica de determinada região.

A sucessão estratigráfica atende a dois princípios (Press et al., 2006) que, embora simples são fundamentais para determinar a idade relativa das rochas sedimentares:

1. **Princípio da horizontalidade original**: via de regra, os sedimentos são depositados em camadas horizontais (a ocorrência de rochas sedimentares inclinadas ou dobradas deve-se à ação de forças tectônicas sobre elas após a deposição dos sedimentos).

2. **Princípio da superposição**: num terreno sedimentar, cada camada de rochas é mais recente que as camadas soto-postas, e mais antiga que as sobrepostas. Consequentemente, um corte vertical nesse terreno permitiria visualizar a sucessão de camadas como uma espécie de *linha do tempo geológico*.

Não é difícil compreender a origem desses princípios: os sedimentos depositam-se sobre o solo pela ação da gravidade. À medida que se depositam, as partículas sedimentares acumulam-se umas sobre as outras. Consequentemente, sedimentos mais recentes se depositam sobre as camadas sedimentares que haviam se depositado anteriormente, e assim se constrói a sucessão de camadas estratigráficas.

No entanto, nem sempre essa sucessão de camadas é uniforme. Por vezes, ao compararem sequências de formações em diferentes lugares, os geólogos descobrem que há camadas faltando. Isso pode acontecer por dois motivos: ou a camada em questão nunca foi depositada, ou ela foi erodida antes que a camada seguinte se depositasse. Quando isso acontece, diz-se que há uma discordância – estratos sedimentares que não foram depositados de maneira contínua.

A discordância oferece importantes indícios sobre a história geológica de uma região. Por exemplo, ela pode indicar que, em determinado período da história da terra, houve um recuo global do nível do oceano, deixando assim as rochas de uma região emersa expostas à erosão. Pode, ainda, indicar que houve soerguimento de determinada região acima do nível do mar, seguido de posterior rebaixamento, de modo que a camada exposta pelo soerguimento teria sido erodida e desaparecido, e o espaço deixado por ela, após o rebaixamento, seria recoberto por novos sedimentos.

Admite-se hoje a existência de três tipos básicos de discordância:

1. **Desconformidade** – Quando a descontinuidade ocorre entre camadas sedimentares quase paralelas, de modo que é muito difícil identificá-la. Tal identificação é feita, geralmente, com base em diferenças paleontológicas ou de composição mineral entre as camadas.
2. **Não conformidade** – Ocorre quando as camadas sedimentares assentam-se diretamente sobre rochas ígneas ou metamórficas erodidas.
3. **Discordância angular** – Ocorre quando camadas paralelas de rocha sedimentar assentam-se sobre estratos mais antigos, dobrados ou inclinados por ação tectônica e posteriormente erodidos, de forma que se pode detectar uma forte diferença angular entre as camadas superiores e as inferiores.

Todos os conceitos estudados nesta seção fornecem importantes elementos para se determinar a idade relativa de uma formação rochosa. No entanto, os métodos de datação relativa permitem apenas situar temporalmente as camadas sedimentares umas em relação às outras (compondo, assim, uma narrativa da história geológica de uma região), mas não possibilitam determinar com exatidão o tempo transcorrido desde sua origem. Na subseção seguinte, conheceremos os métodos atualmente empregados para especificar a idade absoluta das rochas.

2.2.2 Datação radiométrica ou absoluta

Vem desde o século XIX o empenho da comunidade científica para desenvolver um método eficiente que pudesse ser empregado para determinar com exatidão razoável eventos como o tempo transcorrido desde a origem de uma formação rochosa, a duração real de um acontecimento geológico, o período em que uma determinada espécie já extinta habitou a superfície terrestre etc. No entanto, só foi possível obter tais informações com um índice de certeza aceitável depois da descoberta da **radioatividade**.

Salgado-Labouriau (1996, p. 35-36, grifo do original) descreve, em poucas linhas, as pesquisas que levaram a tal descoberta:

> Nos finais do século 19 e início do século 20, H. Becquerel e depois dele Pierre e Marie Curie descobriram e estudaram a radioatividade emitida pelo rádio e o urânio. As pesquisas com material radioativo continuaram se desenvolvendo e em 1913 já se conheciam outros elementos radioativos como o tório, o rubídio e o potássio.
>
> Em 1905, Rutherford havia afirmado que "a idade de um mineral de urânio pode ser estimada medindo-se a quantidade de chumbo formada e acumulada no mineral". Baseando-se nesta informação, B. B. Boltwood mostrou, em 1907, que a radioatividade

podia ser usada para datação de rochas. Este tipo de datação foi aperfeiçoado em 1911 por A. Holmes que criou o método moderno da datação por urânio/chumbo, utilizado até hoje para rochas muito antigas. Essa técnica, chamada *radiométrica*, permite uma datação absoluta porque correlaciona um evento geológico com outro evento independente, a desintegração radiotiva de um isótopo.

Para elucidarmos como essa técnica de datação que revolucionou o estudo da geologia funciona é necessário explicarmos o que de fato é a *radioatividade*.

Como enunciamos no Capítulo 1, toda matéria existente no planeta, incluindo os minerais e as rochas, é constituída por elementos químicos, ou seja, por átomos. Muitos desses átomos têm núcleos que se desintegram espontaneamente, atingindo um estado de menor energia. Os átomos que se comportam dessa maneira são denominados *radioativos*, e o processo de sua desintegração é chamado *radioatividade*. Para detalharmos esse processo e o fenômeno do decaimento radioativo, precisamos relembrar alguns conceitos referentes ao **átomo**.

De acordo com Fairchild, Teixeira e Babinski (2001, p. 320, grifo nosso),

> o núcleo de um átomo é composto por **prótons** e **nêutrons** e é rodeado por uma nuvem de elétrons. O número de prótons determina o **número atômico** (Z) do elemento químico, suas propriedades e características. Assim, cada elemento químico apresenta um determinado número atômico e diferentes propriedades físicas e químicas.

A soma do número de prótons e de nêutrons que constituem um átomo fornece-nos o **número de massa** (A) do elemento químico a que ele pertence. Por exemplo, o carbono (C), um elemento químico de particular importância para o tema de que estamos tratando, tem número atômico 6 e um número de massa que pode variar entre 12, 13 ou 14, dependendo da quantidade de nêutrons que estiverem presentes em seu núcleo. Átomos que têm o mesmo número atômico (e, portanto, pertencem ao mesmo elemento químico), mas apresentam diferentes números de massa são chamados *isótopos*. Embora a maioria dos isótopos seja estável, outros, pelo contrário, são instáveis, e sofrem decaimento até alcançarem estabilidade – esse é o caso do carbono-14 ($^{14}C_6$). O decaimento radioativo, portanto, é uma reação espontânea que ocorre quando um núcleo atômico instável emite partículas, transformando-se assim em outro elemento, cujo núcleo é mais estável. Fairchild, Teixeira e Babinski (2001, p. 320, grifos do original) fazem a seguinte distinção: "O elemento com núcleo atômico instável, em decaimento radioativo, é conhecido como **elemento-pai** ou **nuclídeo-pai**; o novo elemento formado com núcleo atômico estável é denominado **elemento-filho** ou **nuclídeo-filho**".

O tempo necessário para que metade da quantidade original de átomos instáveis se transforme em átomos estáveis é chamado de *meia-vida*. O tempo de meia-vida, por conseguinte, é tomado como índice das taxas de decaimento radioativo (Fairchild; Teixeira; Babinski, 2001).

Surge, então, a pergunta: Como essa propriedade foi e é utilizada pela geologia para a datação de rochas?

Fairchild, Teixeira e Babinski (2001, p. 320) salientam que: "Os isótopos instáveis (radioativos) são importantes na geologia, uma vez que sua taxa de decaimento pode ser usada para determinar idades absolutas de formação de minerais e rochas". De fato, embora a datação radiométrica seja obtida mediante diferentes métodos, seu objetivo é sempre medir a quantidade de isótopos produzidos por decaimento ou a quantidade de isótopos radioativos que ainda não sofreram decaimento presentes na rocha. Cada um desses métodos é mais apropriado a determinada faixa de tempo. Salgado-Labouriau (1996) enumera alguns dos métodos radiométricos mais usados e as faixas cronológicas para cuja determinação eles são empregados:

» **Datação radiométrica por isótopos de meia-vida longa** – Quando um isótopo radioativo é incorporado a uma rocha, ainda que esta sofra oxidação ou erosão, a velocidade de decaimento radioativo desse isótopo não será alterada por tais processos e estará vinculada unicamente ao tempo transcorrido desde a cristalização da rocha. Embora os isótopos de meia-vida curta que existiam no início do planeta há muito já tenham desaparecido, os de meia-vida longa ainda podem ser detectados e quantificados, e portanto podem ser usados para a datação de rochas muito antigas.

» **Método de potássio-argônio (K/Ar)** – O potássio é um elemento muito abundante na crosta terrestre e apenas cerca de 0,012% dele é radioativo. A maior parte deste sofre decaimento e transforma-se em cálcio-40. Este, porém, é muito comum em rochas e não é possível estabelecer uma distinção clara entre o cálcio original da rocha e o produzido por decaimento de potássio-40. No entanto, uma parcela muito pequena de potássio-40 (cerca de 11%) decai para argônio-40, um gás inerte que, ao contrário do cálcio, só poderia estar presente nas rochas por desintegração do potássio. Como o decaimento potássio-argônio é extremamente lento, da ordem de milhões de anos, esse método de datação só pode ser usado para determinar a idade de rochas muito antigas, como as vulcânicas e as plutônicas.

» **Método de rubídio-estrôncio (Rb/Sr)** – O método de Rb/Sr apresenta uma restrição: seu erro analítico aumenta em proporção inversa à longevidade das rochas analisadas, ou seja, quanto mais jovens as rochas, maior o erro. Em rochas muito recentes (sedimentares e metamórficas, por exemplo), esse erro pode chegar a 100%, o que restringe o emprego desse método à análise de rochas ígneas e metamórficas muito antigas (da ordem de bilhões de anos). A metodologia parte do princípio de que o rubídio-87 se transforma em estrôncio-87, com um tempo de meia-vida de 48 Ba. Uma vez que rochas que contêm rubídio (Rb) geralmente também contêm estrôncio (Sr), o método toma como referência o isótopo estável Sr-86. A idade das amostras analisadas é fornecida, por um lado, pela razão Rb/Sr nelas detectável e, por outro, pela relação $^{87}Sr/^{86}Sr$ – o primeiro é isótopo resultante do decaimento do ^{87}Rb, e o segundo está presente desde a formação da rocha. Esse método foi empregado para datar rochas coletadas durante a missão Apolo à Lua, demonstrando que basaltos de origem lunar datam de aproximadamente 3,3 Ba.

» **Método da série do urânio** – Este método fundamenta-se no fato de que todo urânio (U) presente naturalmente na Terra constitui-se dos isótopos: urânio-238 (^{238}U), mais abundante, que decai para chumbo-206 (^{206}Pb), e urânio-235 (^{235}U), que decai para chumbo-207 (^{207}Pb). O ^{238}U encontra-se na proporção de 138:1 em relação ao ^{235}U. Nos minerais que contêm U, desenvolve-se também o tório-232 (^{232}Th), que decai para chumbo-208 (^{208}Pb). Como esses três isótopos ocorrem simultaneamente num mesmo mineral, é possível empregar os três tipos de datação independentemente, de modo que este método possibilita resultados bastante controlados e, portanto, seguros. A datação com base na série do urânio foi usada, por exemplo, para determinar a idade das rochas mais antigas conhecidas em nosso planeta, gnaisses de 3,9 Ba provenientes do escudo pré-cambriano do Canadá.

» **Método de radiocarbono** – O isótopo radioativo carbono-14 (^{14}C) ocorre normalmente na atmosfera e está presente em todos os seres vivos em decorrência do ciclo do carbono, uma das bases de sustenção da vida na Terra. A meia-vida desse isótopo é de cerca de 5.730 anos, o que significa que o método que o toma como referência pode ser utilizado apenas para datar eventos do Quaternário Tardio. O ^{14}C é continuamente formado nas camadas superiores da atmosfera, cerca de 15 km acima da superfície terrestre, em decorrência do bombardeamento de nitrogênio-14 (^{14}N) por raios cósmicos. Os isótopos recém-criados entram na composição do gás carbônico (CO_2) atmosférico e são dessa forma assimilados ao ciclo de carbono dos seres vivos. Quando um animal ou uma planta morrem, eles param de absorver CO_2 e, portanto, a proporção de ^{14}C que havia em seu corpo passa a diminuir progressivamente por decaimento radiativo. Mediante a determinação das taxas de ^{14}C presentes na matéria orgânica morta, é possível datar fósseis e achados arqueológicos, por exemplo.

Figura 2.5 – Decaimento do potássio (K) para Argônio (Ar)[1]

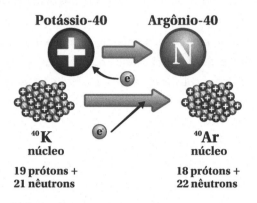

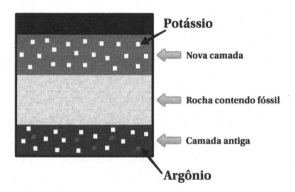

Fonte: Elaborado com base em Vieira, 2008.

[1] Um nêutron do átomo de potássio desintegra-se ejetando um elétron e produzindo um próton, e o átomo muda para Argônio.

Gráfico 2.1 - Decaimento radioativo dos elementos

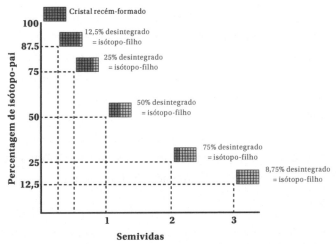

Fonte: Netexplica.com, 2016.

Quadro 2.2 - Isótopos utilizados em datação radiométrica e suas respectivas meias-vidas

Isótopo-pai	Isótopo-filho	Meia-vida em anos
Urânio-238	Chumbo-206	4,5 (Ba)
Urânio-235	Chumbo-206	704 (Ba)
Tório-232	Chumbo-208	14 (Ba)
Rubídio-87	Estrôncio-87	48,8 (Ba)
Potássio-40	Argônio-40	1,25 (Ba)

Fonte: Elaborado com base em Fairchild; Teixeira; Babinski, 2001, p. 322.

Em resumo, os vários métodos radiométricos (ou isotópicos) empregados para datação de minerais e rochas partem do conhecimento sobre o decaimento radioativo de determinado isótopo presente na amostra para, tomando como parâmetro o seu tempo de meia-vida, calcular o período em que ocorreu a cristalização de uma rocha ígnea, o metamorfismo ou a deformação sofrida por rochas de diversas naturezas.

Síntese

Neste capítulo, demonstramos a importância de adotar uma escala de tempo padronizada, que possa ser aplicada no mundo inteiro para ordenar e comparar eventos passados, bem como permita classificar didaticamente eventos ocorridos na crosta terrestre e estabelecer uma cronologia da história geológica.

Após traçarmos um panorama dos éons e das eras geológicas do planeta, apresentamos os principais métodos de datação (relativa e absoluta) utilizados no estudo das diferentes formações rochosas da Terra, com a finalidade de situá-las numa escala de tempo geológico.

Atividades de autoavaliação

1. Relacione as eras geológicas enumeradas a seguir com os principais eventos ocorridos em cada uma delas:
   I. Paleozoica
   II. Mesozoica
   III. Cenozoica
   ( ) Formação do continente Gondwana.
   ( ) Surgimento de mamíferos pequenos, aves e plantas com flores (angiospermas).
   ( ) Aparecimento de animais invertebrados (trilobitas, moluscos, briozoários).
   ( ) Hegemonia e extinção dos dinossauros, pterossauos e plesiossauros.
   ( ) Muita atividade vulcânica, formação de grandes cadeias de montanhas.

Assinale, agora, a sequência correta de preenchimento dos parênteses:
a) II, I, III, I, I.
b) I, III, II, II, I.
c) I, II, I, II, III.
d) III, II, III, I, II.
e) II, II, I, I, III.

2. Analise as afirmações a seguir e classifique-as como verdadeiras (V) ou falsas (F):
( ) Tempo geológico é o intervalo de tempo transcorrido desde o final da formação da Terra até os nossos dias.
( ) Para ordenar e comparar eventos passados, os geólogos desenvolveram uma escala de tempo padronizada e aplicada no mundo inteiro, denominada *escala de tempo geológico*.
( ) O tempo geológico foi dividido em intervalos menores, chamados *unidades cronoestratigráficas*, que são: éons, eras, períodos, épocas e idades.
( ) Todos os éons são divididos em eras.
( ) Os métodos radiométricos que envolvem isótopos com meia-vida longa são utilizados no caso de datação de rochas mais antigas, como as do Pré-Cambriano.

Assinale a alternativa que corresponde à sequência correta:
a) F, V, V, V, F.
b) F, V, V, V, V.
c) V, V, F, V, F.
d) V, V, V, F, V.
e) F, F, V, V, V.

3. Sobre a datação absoluta, assinale a alternativa correta:
   a) O processo da desintegração de um átomo é chamado *decaimento*.
   b) Elementos com o mesmo número atômico, mas com diferentes números de massa, são chamados *prótons*.
   c) O conhecimento da meia-vida dos vários isótopos e da atual razão entre o número de átomos dos elementos-pai e elementos-filho da amostra permitem a determinação da idade de minerais e rochas.
   d) A datação absoluta é equivalente à datação relativa e apresenta a mesma função.
   e) A datação pode ser feita em minerais ou em amostras representativas de rochas, com o objetivo de determinar sua idade e seu tempo de vida durante o ciclo rochoso.

4. A respeito da correlação fossílífera ou bioestratigráfica, assinale a alternativa correta:
   a) Trata-se da relação entre os fósseis e as camadas de sedimentos.
   b) Estudiosos constataram que os mesmos conjuntos de fósseis apareciam sempre na mesma ordem e concluíram que esse fenômeno permitia estabelecer a equivalência temporal entre faunas e floras fósseis iguais, mesmo que contidas em litologias diferentes e em sequências distantes entre si.
   c) A correlação é determinada pelo tamanho do afloramento.
   d) A criação da escala do tempo geológico impediu a ordenação das principais sucessões geológicas de uma região e o estabelecimento de correlações.
   e) Uma mudança no número de prótons forma um novo elemento químico com diferente estrutura atômica e, consequentemente, diferentes propriedades físicas e químicas.

5. Analise as afirmações a seguir e classifique-as em verdadeiras (V) ou falsas (F):
   ( ) Quando o Mesozoico iniciou-se, havia um único continente, a Pangeia.
   ( ) A Era Cenozoica tem se caracterizado por resfriamento a longo prazo, mas com leve aquecimento no Mioceno.
   ( ) Na Era Cenozoica, em regiões úmidas e de baixa latitude, o clima mudou. Foi o que ocorreu no Saara, com a formação de um vasto deserto arenoso.
   ( ) O Éon Fanerozoico está dividido em três eras: Paleozoico, Mesozoico e Cenozoico.
   ( ) O Proterozoico é dividido em duas eras: Paleoproterozoico e Mesoproterozoico.
   Assinale a alternativa que corresponde à sequência correta:
   a) F, V, V, V, V.
   b) F, V, V, V, F.
   c) V, V, F, V, V.
   d) V, V, V, F, V.
   e) V, V, V, V, F.

Atividades de aprendizagem

Questões para reflexão

1. Como os geólogos criaram uma escala do tempo geológico aplicável em qualquer lugar do mundo?

2. Como os geólogos sabem a idade de uma rocha e conseguem distinguir que ela é mais antiga que outra?

Atividade aplicada: prática

Pesquise se na sua cidade ou estado existem geoparques ou formações com registros geológicos, como fósseis de animais e plantas ou pegadas fósseis em baixo relevo. Busque informações sobre a geologia de sua região e descubra que processos aconteceram ao longo do tempo geológico que podem justificar a presença desses elementos no espaço geográfico pesquisado.

Indicações culturais

Para aprofundar seus conhecimentos sobre os temas tratados neste capítulo, sugerimos as seguintes obras de referência:

DARWIN, C. **Entendendo Darwin**: autobiografia de Charles Darwin. Edição de Francis Darwin. São Paulo: Ed. Planeta do Brasil, 2009.

ROSSI, P. **Os sinais do tempo**: história da Terra e das nações de Hooke a Vico. São Paulo: Companhia das Letras, 1992.

3
Mineralogia e petrologia

No capítulo anterior, tratamos da noção de tempo geológico, a qual, como explicitamos, é indissociavelmente ligada às transformações e movimentações ocorridas na crosta terrestre desde a formação do planeta, e também à evolução da vida na Terra. Nossa abordagem sobre os mistérios e encantos do planeta prosseguirá, neste capítulo, com o estudo da imensa variedade de materiais que compõem os ambientes geotectônicos. Voltaremos nossa atenção às rochas, que são produtos dos processos geológicos de que tratamos anteriormente, e seus elementos constituintes, os minerais.

3.1 Minerais

São denominados *minerais* os componentes básicos das rochas que formam a crosta terrestre. Press et al. (2006, p. 78, grifos do original) observam que "os geólogos definem um **mineral** como uma *substância de ocorrência natural, sólida, cristalina, geralmente inorgânica, com uma composição química específica*". Além disso, esses autores afirmam que, ao contrário das rochas, os minerais são homogêneos e que, portanto, não podem ser dissociados em componentes menores ou mais simples por meios mecânicos. Quanto à sua composição química, pode consistir em substâncias simples, formadas por átomos de apenas um elemento químico (como o diamante, que é constituído unicamente de carbono), ou compostas, cujas moléculas contêm átomos de dois ou mais elementos químicos (como a calcita, constituída de carbonato de cálcio – $CaCO_3$).

A gênese de um mineral depende da presença de seus componentes químicos e da ocorrência de condições físicas (temperatura e pressão) favoráveis no meio em que ele se forma. Condições de temperatura e pressão diversas podem resultar em minerais diferentes, mesmo que, por vezes, estes tenham a mesma composição química. Isso porque as características de um mineral estão relacionadas ao seu processo de formação. Por esse motivo, minerais que se originam no interior da Terra são geralmente diferentes dos que se formam na superfície.

Existem diferentes processos de formação de um mineral, os quais podem incluir a precipitação de substâncias que se encontram em solução saturada (como ocorreu com as formações ferríferas bandadas – FFBs – sobre as quais versamos no Capítulo 2, a solidificação de material ígneo, a ressublimação de vapores ou gases (por exemplo, cristais de enxofre que se formam em fumarolas vulcânicas) etc.

Independentemente dos fenômenos envolvidos na gênese de um mineral, esta ocorre por cristalização. Trata-se de um processo mediante o qual os átomos que compõem o mineral organizam-se de acordo com uma disposição tridimensional, regular e ordenada. A cristalização se dá em duas etapas ou eventos:

1. Inicialmente, ocorre a formação de um núcleo (**nucleação**), ou seja, de um pequeníssimo grumo de soluto ou de matéria amorfa, que constitui um cristal extremamente diminuto
2. Numa segunda etapa, o restante do material que irá compor o cristal de minério adere progressivamente ao núcleo inicial, que então aumenta de tamanho (**crescimento cristalino**). Segundo Press et al. (2006, p. 83, grifos do original),

> A cristalização começa com a formação de cristais microscópicos individuais, que são arranjos tridimensionais ordenados de átomos, nos quais o arranjo básico repete-se em todas as direções. Os limites

dos cristais são superfícies planas chamadas de **faces cristalinas**. As faces cristalinas de um mineral são a expressão externa da estrutura atômica interior.

Em outras palavras, a forma de um mineral cristalino é diretamente determinada pela sua estrutura molecular.

Esse processo ocorre, por exemplo, na **cristalização magmática**, que caracteriza a passagem da matéria do estado físico amorfo para o cristalino em ambiente geológico quente. De acordo com Press et al. (2006), quando a temperatura do magma desce abaixo do seu ponto de fusão (que pode ser da ordem de 1.000 °C ou mais), começam a se formar cristais de silicato, como a olivina ou o feldspato (potássicos/plagioclásicos). No entanto, as diferentes fases minerais não cristalizam concomitantemente: algumas formações ocorrem só depois que a composição do magma remanescente tiver sido apreciavelmente modificada pela extração das primeiras fases, e sua temperatura tiver diminuído ainda mais (Press et al., 2006 p. 84). Só então as demais fases minerais irão se juntar às que já se encontram em processo de cristalização, chegando mesmo, por vezes, a substituí-las.

A sequência de cristalização segue certos parâmetros termodinâmicos, além de estar também relacionada à composição inicial do magma. A sequência ideal de cristalização dos minerais foi inicialmente descrita pelo geólogo canadense Norman L. Bowen, em 1928, com base em seus estudos da cristalização de magmas basálticos. Bowen revolucionou o entendimento da ciência sobre a cristalização dos minerais ao demonstrar que, teoricamente, a partir de um magma primário basáltico, pode-se chegar, mediante o processo de cristalização fracionada, a toda uma série de rochas ígneas, das <u>ultrabásicas</u> ou peridotíticas até as graníticas (Madureira Filho; Atencio; McReath, 2001). Esses estudos resultaram na proposição das **séries de reação de Bowen**, ilustradas na Figura 3.1.

Figura 3.1 – Séries de reação de Bowen

Fonte: Elaborado com base em Guerner Dias et al., 2015.

Outra modalidade de cristalização é a que se dá por precipitação, a qual ocorre quando os líquidos de uma solução evaporam. Podemos exemplificar esse processo tomando como parâmetro a evaporação da água do mar, a qual contém sais de origem sedimentar em solução. Se tomarmos uma amostra de água do mar e elevarmos sua temperatura ao ponto de ebulição, constataremos que à medida que o solvente (ou seja, a água) evapora, a solução fica cada vez mais saturada pelo aumento da concentração de sal. Se a evaporação prosseguir além do ponto de saturação, os solutos nela presentes se precipitam, resultando na deposição de cristais de cloreto de sódio (NaCl), o sal de cozinha. É mediante esse mesmo fenômeno, ainda que por evaporação natural, que ocorre a cristalização da halita mineral, também conhecida como *sal-gema* (Press et al., 2006).

Um terceiro tipo de cristalização é o que ocorre, por exemplo, em fumarolas vulcânicas, nas quais ocorre a formação de cristais de enxofre pela ressublimação dos vapores originados no magma, ou seja, pela passagem desses vapores diretamente ao estado sólido, sem passar pela fase líquida.

3.1.1 Minerais formadores das rochas

Os minerais formadores das rochas, ou seja, aqueles que constituem a maior parte da crosta terrestre, pertencem a um grupo relativamente pequeno em meio aos milhares de minerais conhecidos. Mesmo entre estes, há um predomínio marcante de uma classe mineral entre as existentes: a dos **silicatos**, que está presente em aproximadamente 97% do volume total da crosta continental, restando aos minerais integrantes de outras classes (carbonatos, haloides, sulfetos, óxidos) uma participação de meros 3%. O Quadro 3.1 elenca as classes minerais dos principais constituintes das rochas da crosta continental, as quais abordaremos mais detalhadamente na seção seguinte.

Quadro 3.1 – Constituição mineralógica da crosta continental

Classe mineral	Espécie ou grupo mineral	% em volume
Silicatos	Feldspatos	58
	Piroxênios e anfibólios	13
	Quartzo	11
	Micas, clorita, argilominerais	10
	Olivina	3
	Epídoto, cianita, andaluzita, sillimanita, granadas, zeólitas etc.	2
Carbonatos Óxidos Sulfetos, Haloides		3
Total		100

Fonte: Madureira Filho; Atencio; McReath, 2001, p. 34.

As moléculas dos silicatos são sempre constituídas por uma combinação de oxigênio (O) e silício (Si) – os dois elementos de ocorrência mais frequente na crosta terrestre – com cátions de outros elementos químicos. Tais moléculas geralmente assumem uma estrutura atômica de **tetraedro** (SiO$_4^{4-}$), com um íon central de silício circundado por quatro íons de oxigênio. Por não serem eletricamente neutras, essas moléculas tendem a se polimerizar, ou seja, a ligar-se entre si de modo a formar cadeias mais complexas. Na Figura 3.2, é possível observar uma representação da estrutura tetraédrica de uma molécula de silicato.

Figura 3.2 – Forma mais comum do silicato

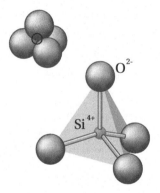

Fonte: Elaborado com base em Press et al., 2016, p. 85.

Os demais minerais formadores de rocha no Quadro 3.1 apresentam as seguintes características (Press et al., 2016):

» **Carbonatos** – Suas moléculas são formadas pelo ânion carbonato (CO$_3^{2-}$), geralmente combinado a cátions cálcio ou magnésio (ex.: calcita – CaCO$_3$).

» **Óxidos** – Contêm ânion oxigênio (O^{2-}) ligado a cátions metálicos (ex.: hematita – Fe$_2$O$_3$).

» **Sulfetos**: Como a denominação indica, são formados por ânion sulfeto (S^{2-}) ligado a cátions metálicos (ex.: pirita – FeS_2).

Além dessas classes mais comuns, há também rochas constituídas por sulfatos, cujas moléculas são formadas pelo ânion sulfato (SO_2^{-4}) ligado a cátions metálicos. Um exemplo de minerais pertencentes a este grupo é a anidrita ($CaSO_4$). Outras classes químicas de minerais podem estar presentes em formações rochosas, porém não são tão frequentes (Press et al., 2006).

3.1.2 Identificação dos minerais

Na natureza, podem ocorrer dois ou mais minerais que apresentam a mesma composição química, porém com estruturas cristalinas distintas. Tais minerais, em decorrência da diversidade de formas com que se apresentam, são chamados de *polimorfos*. Alguns exemplos de minerais polimorfos são: o grafite e o diamante, ambos formados por carbono; a calcita, a aragonita e a vaterita, todas constituídas de carbonato de cálcio; os feldspatos constituem um grupo com diversos minerais polimórficos, como é o caso dos feldspatos alcalinos sanidina, microclínio e ortoclásio. Uma vez que tais minerais são quimicamente idênticos, sua identificação (e também a de outros minerais, não necessariamente polimórficos), de modo geral, pode ser feita com base em suas propriedades físicas e morfológicas, as quais são determinadas tanto por sua composição química quanto por suas estruturas cristalinas.

As propriedades físicas mais comumente empregadas na identificação dos minerais são: dureza, clivagem, fratura, brilho, cor, traço, densidade relativa e hábito cristalino. No Quadro 3.2, exibimos as relações entre cada uma dessas propriedades e as estruturas cristalinas dos minerais.

Quadro 3.2 – Propriedades físicas dos minerais

Propriedade	Relação com a composição e a estrutura cristalina
Dureza	Fortes ligações químicas resultam em alta dureza. Minerais com ligações covalentes são geralmente mais duros que minerais com ligações iônicas.
Clivagem	A clivagem é pobre se as ligações na estrutura cristalina forem fortes, mas é boa se as ligações forem fracas. Ligações covalentes resultam em clivagens pobres ou em ausência de clivagem. Ligações iônicas são fracas e, portanto, originam excelentes clivagens.
Fratura	O tipo de fratura é produto da distribuição das forças de ligação ao longo de superfícies irregulares não correspondentes a planos de clivagem.
Brilho	Nos cristais com ligações iônicas, ele tende a ser vítreo, ao passo que nos cristais com ligações covalentes, tende a ser variável.
Cor	A cor é determinada pelos tipos de átomos que compõem o cristal e por traços de impurezas. Muitos cristais com ligações iônicas são incolores. A presença de ferro tende a produzir forte coloração.
Traço	A cor do pó do mineral é mais característica que a do mineral maciço, pois o pó é formado por grãos de pequeno tamanho.
Densidade	A densidade depende do peso atômico dos átomos ou dos íons e da proximidade do seu empacotamento na estrutura cristalina. Minerais de ferro e de metais têm alta densidade; minerais com ligações covalentes têm empacotamento mais aberto e, portanto, densidade mais baixa.
Hábito cristalino	A propriedade de hábito cristalino depende dos planos de átomos ou íons presentes na estrutura cristalina do mineral e da velocidade e direção de crescimento específicas de cada cristal.

Fonte: Elaborado com base em Press et al., 2006, p. 94.

Nas seções seguintes, abordaremos um pouco mais detidamente as propriedades físicas apresentadas no Quadro 3.2.

3.1.2.1 Dureza

Dureza é a resistência do mineral a ser riscado. A mensuração da resistência dos minerais toma como parâmetro a escala de Mohs, demonstrando no Quadro 3.3. Essa escala, proposta pelo mineralogista alemão Friedrich Mohs, toma como referência o grau de facilidade com que um mineral consegue riscar outro. Com base nesse critério, são elencados dez minerais tomados como padrões de dureza, distribuídos em ordem crescente de resistência a riscos, de modo que o talco, o mais friável deles, ocupa a posição 1 e o diamante, o mais duro, ocupa a posição 10.

Quadro 3.3 – Escala de Mohs

Mineral-padrão	Dureza	Padrão secundário
Talco	1	
Gipsita	2	Unha (2,5)
Calcita	3	Alfinete (3,5)
Fluorita	4	
Apatita	5	Lâmina de aço (5-5,5)
Ortoclásio	6	
Quartzo	7	Porcelana (~7)
Topázio	8	
Coríndon	9	
Diamante	10	

Fonte: Madureira Filho; Atencio; McReath, 2001, p. 36.

3.1.2.2 Clivagem

Clivagem é a propriedade de um cristal se fragmentar sempre ao longo de superfícies planas regulares e paralelas. A regularidade dessas superfícies é inversamente proporcional à força das ligações químicas que mantêm seus átomos coesos: as ligações covalentes, por serem mais fortes, produzem clivagens imperfeitas ou não produzem clivagens; ligações iônicas, mais fracas, resultam em clivagens ótimas (Press et al., 2006).

3.1.2.3 Fratura

Fratura é o processo de fragmentação de um mineral ao longo de uma direção não correspondente ao plano de clivagem. Assim como na clivagem, porém, as superfícies de fratura são também determinadas pela estrutura atômica do mineral. Os tipos mais comuns de fratura são as irregulares e as conchoidais.

3.1.2.4 Brilho

O brilho de um mineral é o modo e a intensidade com que ele reflete a luz. Assim como outras características dos minerais, o brilho é determinado pelos elementos químicos que entram na sua composição e pelos tipos de ligação química que unem seus átomos. Ligações iônicas geralmente produzem minerais de brilho vítreo. As ligações covalentes, porém, resultam em brilhos mais variáveis. O Quadro 3.4 fornece uma classificação dos brilhos dos minerais, e as características que eles exibem.

Quadro 3.4 – Brilho dos minerais

Brilho	Características
Metálico	Reflexões fortes produzidas por substâncias opacas.
Vítreo	Brilhante como o vidro.
Resinoso	Característico das resinas, como âmbar.
Graxo	Como recoberto por uma substância oleosa.
Nacarado	Iridescência esbranquiçada de alguns materiais como a pérola.
Sedoso	O lustro dos materiais fibrosos como a seda.
Adamantino	O brilho intenso do diamante e de minerais parecidos.

Fonte: Elaborado com base em Press et al., 2006, p. 93.

3.1.2.5 Cor

A cor de qualquer material, incluindo os minerais, é resultado da absorção seletiva da luz, ou seja, da propriedade que esse material tem de absorver determinados comprimentos de onda que compõem a luz branca, e refletir outros. Quanto à regularidade da cor, os minerais podem ser **idiocromáticos**, quando não apresentam variação de cor (como o enxofre, por exemplo, que sempre se apresenta na coloração amarela), ou **alocromáticos**, quando apresentam ampla variação (como ocorre com o quartzo, que pode se apresentar em várias cores). Tal diversidade de colorações implica que a cor nem sempre seja uma propriedade segura a se recorrer para identificar um mineral (Madureira Filho; Atencio; McReath, 2001).

3.1.2.6 Traço

O traço de um mineral nada mais é do que a coloração de seu pó. Essa característica é determinada pela cor do risco que se obtém ao raspá-lo sobre uma superfície abrasiva, como, por exemplo, uma placa de porcelana não vitrificada (Press et al., 2006).

3.1.2.7 Densidade relativa

A densidade de qualquer substância é dada pela razão entre sua massa e o volume que ela ocupa. Geralmente é expressa em gramas por centímetros cúbicos (g/cm^3). Madureira Filho, Atencio e McReath (2001, p. 36) explicam que "A densidade relativa é o número que indica quantas vezes certo volume do mineral é mais pesado que o mesmo volume de água a 4 °C". Na maioria dos minerais, esse valor varia entre 2,5 e 3,3.

3.1.2.8 Hábito cristalino

O que chamamos de *hábito cristalino* é a forma geométrica assumida pelos cristais de um mineral, a qual é diretamente determinada por sua estrutura cristalina. De acordo com Madureira Filho, Atencio e McReath (2001, p. 34): "Os hábitos mais comuns são: o laminar, o prismático (os cristais aparecem alongados como prismas), o fibroso, o acicular, o tabular (em forma de tábuas ou tijolos) e o equidimensional".

Até este momento, debatemos as propriedades dos minerais, que são as unidades constituintes das rochas. A partir de agora, trataremos das rochas propriamente ditas.

3.2 Unidades formadoras da crosta: rochas

O termo *rocha* refere-se a um agregado, geralmente consolidado, de um ou mais minerais, que é parte integrante da crosta terrestre. Segundo Madureira Filho, Atencio e McReath (2001, p. 28), "Embora coesa e, muitas vezes, dura, a rocha não é homogênea. Ela não tem a continuidade física de um mineral e, portanto, pode ser dividida em todos os seus minerais constituintes". Dizemos que elas são coesas porque, ao contrário dos sedimentos, como a areia (que, na verdade, é um conjunto de diversos minerais não agregados), as rochas apresentam seus constituintes, sejam eles cristais ou grãos, muito bem unidos. Madureira Filho, Atencio e McReath (2001, p. 37) estabelecem uma distinção entre rochas "duras" e "brandas", e afirmam que tais características dependem do seu processo de formação, pois este é um fator determinante sobre a força de ligação dos grãos.

A estrutura e a textura são características importantes para a classificação das rochas: a primeira refere-se ao seu aspecto geral, que pode ser maciço, cavitário, orientado ou não orientado etc.; a segunda diz respeito ao tamanho, à forma e à relação entre os cristais ou grãos que as constituem (Madureira Filho; Atencio; McReath, 2001).

Um aspecto fundamental para o estudo das rochas é a determinação dos minerais que as constituem, pois esta é uma característica extremamente importante para identificá-las e classificá-las. Conforme Madureira Filho, Atencio e McReath (2001, p. 38, grifo nosso) "Quando os minerais agregados pertencem à mesma espécie mineralógica, a rocha é considerada **monominerálica**, quando forem de espécies diferentes, a rocha é **pluriminerálica**". Quanto à importância que determinados minerais têm na constituição de uma rocha, é possível categorizá-los como *essenciais* ou *acessórios*. "Os essenciais estão sempre presentes e são os mais abundantes, as suas proporções determinam o nome dado à rocha. Os acessórios podem ou não estar presentes, sem que isso modifique a classificação da rocha" (Madureira Filho; Atencio; McReath, 2001, p. 37-38).

3.2.1 Classifificação genética das rochas

Um dos critérios para a classificação das rochas é a sua *gênese*, ou seja, o tipo de processo que levou à sua formação. Sob esse aspecto, as rochas são divididas em três grandes grupos: *ígneas* ou *magmáticas*, *sedimentares* e *metamórficas*. Veremos, nas próximas seções, cada um desses grupos.

3.2.1.1 Rochas ígneas ou magmáticas

As rochas ígneas ou magmáticas são formadas pela cristalização resultante do resfriamento do magma, que é uma grande massa amorfa de rocha fundida originária do manto superior e da crosta terrestre inferior. Quando esse resfriamento ocorre no interior da crosta, diz-se a rocha formada é do tipo *ígnea intrusiva*. O exemplo por excelência desse tipo de rocha é o *granito* (Anexos, Figura A). Quando, ao contrário, o magma resfria após chegar à superfície, a rocha resultante é do tipo *ígnea extrusiva* ou *vulcânica*, que tem como exemplo mais significativo o basalto. O critério empregado com mais frequência pelos geólogos para distinguir esses dois grandes tipos de rochas ígneas é a análise de sua textura, ou seja, do tamanho e da granulação dos cristais que a compõem.

No interior da crosta, onde as temperaturas são bem mais altas que na superfície, o magma resfria mais lentamente, e os cristais que se formam durante sua solidificação atingem tamanhos maiores, por vezes chegando a vários centímetros. É o caso de rochas como o granito, cujos cristais são claramente visíveis e diferenciáveis a olho nu. Já no caso da solidificação do magma extrusivo, cujo resfriamento é muito rápido devido às temperaturas mais baixas da superfície terrestre, não há tempo suficiente para que os cristais cresçam muito. Consequentemente, as rochas extrusivas tendem a ter uma textura de granulação fina.

Importante

Embora a cor não seja um critério seguro para identificar minerais, no caso da análise das rochas ela pode fornecer informações importantes quanto à sua composição química. As rochas ígneas, em particular, têm uma coloração bastante variável[ii]. As que apresentam tonalidade escura geralmente são ricas em magnésio e ferro (por isso são denominadas *máficas*). O gabro, por exemplo, de coloração cinza escuro, é uma rocha ígnea, plutônica e máfica. As rochas ígneas mais claras, por sua vez, costumam ser ricas em silício e alumínio (por isso são classificadas como *rochas siálicas*). Ainda há o grupo de coloração clara em cuja composição predominam minerais como os feldspatos, o quartzo e a sílica (denominadas *félsicas*). Entre estas últimas inclui-se o granito.

3.2.1.2 Rochas sedimentares

As rochas sedimentares são formadas pela deposição, compactação, cimentação e consolidação de fragmentos de rochas preexistentes (chamadas, nesse caso, de **protólitos**). Tais fragmentos desprendem-se da rocha original em consequência de um conjunto de processos mecânicos, químicos e, por vezes, bioquímicos denominado *intemperismo*[iii]. Os sedimentos assim originados são, então, transportados pela ação erosiva de ventos, águas de escoamento superficial ou geleiras, desde seu local de origem até um ponto de deposição, geralmente em terrenos mais planos ou de altitude mais baixa.

---

ii. A Figura B, disponível na seção "Anexos", retrata exemplares de basalto, de gabro e também de granito de diferentes cores.

iii. O termo *intemperismo*, como a etimologia sugere, refere-se à ação das *intempéries* sobre as rochas: ventos, inundações, correntes de água, neves e geleiras, calor excessivo etc., que provocam a desagregação e o deslocamento de grãos, cristais ou partículas que as compõem. Há também o intemperismo bioquímico, ocasionado pela ação de ácidos e outras substâncias resultantes do metabolismo de seres vivos, como bactérias, fungos, líquens e vegetais, por exemplo, que promovem a dissolução dos minerais que compõem as rochas.

Importante

A formação de uma rocha sedimentar exige a existência de ao menos uma rocha anterior, que pode ser ígnea, metamórfica ou igualmente sedimentar, da qual provêm os sedimentos que se tornarão a matéria-prima a partir da qual ela se constitui.

Os sedimentos que formam as rochas sedimentares podem ser agrupados em dois tipos básicos, de acordo com sua estrutura e com o mecanismo responsável por sua origem e deposição:

1. **Sedimentos clásticos** – Partículas sólidas preexistentes (denominadas *clastos*) se depositam num leito sedimentar por meios físicos (por exemplo, pela ação da água corrente, dos ventos ou, simplesmente, da gravidade). Exemplos de clastos não litificados, ou seja, não cimentados de modo a integrar uma rocha, são os grãos de areia ou o cascalho encontrado no leito de um rio. Estes, quando litificados, dão origem a rochas como o arenito.

2. **Sedimentos químicos ou não clásticos** – Formados pela precipitação de substâncias dissolvidas da rocha matriz por intemperismo químico e transportadas pelos rios até se concentrarem nas águas de lagos e mares. Exemplos desse tipo de sedimento são os precipitados de cloreto de sódio (NaCl) que dão origem à halita (sal-gema) ou ao carbonato de cálcio ($CaCO_3$) que se precipita em depósitos de calcita nas paredes das cavernas, formando espeleotemas como as estalactites.

Operando no sentido inverso ao do intemperismo, o processo que conduz à conversão dos sedimentos em rocha sólida é denominado *litificação* ou *diagênese*. Basicamente, esse processo pode ocorrer de duas maneiras distintas:

1. **Compactação** – Os sedimentos são compactados por efeito do peso das múltiplas camadas sobrepostas a eles, o qual imprime um aumento na densidade da massa sedimentar.
2. **Cimentação** – Sedimentos não clásticos precipitam-se em torno das partículas, estimulando sua agregação.

De acordo com a natureza dos sedimentos que as compõem, as rochas sedimentares são classificadas como *clásticas* e *não clásticas*. As rochas sedimentares clásticas[iv] podem ser classificadas com base no tamanho das partículas que a compõem.

Além dos tipos de sedimentos mencionados até aqui, que são de origem mineral ou inorgânica, existem sedimentos formados pelo acúmulo de matéria orgânica proveniente de restos de vegetais, ossos, conchas de animais marinhos, excrementos de aves etc., que, por compactação, geram formações sedimentares como a turfa (de origem vegetal), a coquina (calcário formado a partir do cálcio proveniente da decomposição de conchas) e o guano (matéria formada pelo acúmulo de fezes de aves e morcegos). Como as partículas que as compõem não são minerais, essas formações sedimentares são consideradas pseudorrochas (Madureira Filho; Atencio; McReath, 2001)[v].

3.2.1.3 Rochas metamórficas

Assim como as sedimentares, as rochas metamórficas se formam a partir de um protólito. No caso das metamórficas, porém, essa formação ocorre mediante um processo geológico de transformação decorrente da ação de altas temperaturas e pressões sobre a rocha preexistente, sem que os minerais que a compõem se fundam. Isso significa que as temperaturas capazes de gerar rochas

---

iv. Você pode visualizar um exemplo desse tipo de rocha na Figura C, dos Anexos.

v. Observe a Figura D, na seção "anexos".

metamórficas encontram-se abaixo do ponto de fusão das rochas (em média, cerca de 700 °C), mas são altas o suficiente para desencadear uma recristalização da matriz rochosa. Quando a temperatura ultrapassa esses limites – que são determinados pela composição química da rocha matriz e pela pressão vigente –, as rochas entram em fusão, retornando ao estado de magma.

Com base na extensão de sua ocorrência, distinguem-se dois tipos de metamorfismo: regional ou de contato.

O **metamorfismo regional** ocorre em situações nas quais se verificam altas temperaturas e pressões agindo em vastas extensões do globo terrestre. Isso pode ocorrer, por exemplo, quando há colisões de placas tectônicas que desencadeiam eventos orogenéticos de grandes proporções. As rochas metamorfizadas nessas situações podem cobrir áreas de milhares de quilômetros quadrados.

Quando, ao contrário, as altas temperaturas incidem sobre uma área pequena – por exemplo, na zona de contato de uma intrusão magmática –, de modo que o metamorfismo afeta apenas as rochas circunjacentes, a recristalização caracteriza um **metamorfismo local** ou de **contato**. As rochas que entram diretamente em contato com intrusões ígneas sofrem **pirometamorfismo**. Esse é o caso dos cornubianitos, rochas também conhecidas como *hornfels* (termo de origem alemã que significa, literalmente, "pedra chifre", por sua dureza e textura semelhantes às desses apêndices animais).

O **metamorfismo cataclástico** ou **dinâmico** ocorre em faixas estreitas e localizadas, nas quais se verifica um grande aumento de pressão dirigida, como podemos encontrar em zonas de falhas, com deformação intensa. Em muitos casos, essa deformação é acompanhada de uma percolação[vi] de fluidos, o que provoca

---

vi. Percolação é a ação ou processo de passar um líquido através de um meio permeável.

recristalização dos minerais constituintes das rochas matrizes e também a cristalização de novos minerais.

As principais rochas metamórficas formam-se por **metamorfismo regional dinamotermal**. Trata-se do metamorfismo associado à atividade orogênica. Ocorre, portanto, em zonas de colisão de placas tectônicas e caracteriza-se por intensa pressão dirigida horizontalmente, o que leva à formação de grandes dobras da crosta, as quais constituem as cadeias de montanhas (trata-se de um metamorfismo orogênico). De forma geral, as formações decorrentes desse processo são reconhecidas por sua **foliação**, ou seja, por sua disposição em placas e em camadas dobradas e onduladas. Alguns exemplos de rochas características desse tipo de metamorfismo são: ardósias, filitos, xistos, gnaisses, anfibolitos, granulitos e migmatitos.

Dependendo dos níveis de variação de pressão e temperatura alcançados no meio onde ocorre o metamorfismo, as rochas podem sofrer modificações mais ou menos intensas em relação à rocha original. Chama-se *grau metamórfico* o índice que expressa a intensidade da mudança de uma rocha metamórfica em relação ao seu protólito. Rochas de baixo grau metamórfico conservam grande parte de suas características originais (por exemplo, há até mesmo registros fósseis conservados em rochas metamórficas originadas de sedimentares, como o mármore ou a ardósia). As de alto grau, pelo contrário, foram submetidas a temperaturas e pressões muito mais altas, e por isso não conservam praticamente nada de suas estruturas originais. As rochas de grau metamórfico médio apresentam um nível intermediário de transformação de suas características protolíticas.

Para finalizar, enfatizamos que o conhecimento desses três tipos genéticos de rochas não é informação meramente ilustrativa. Como explicitamos, não é ao acaso que as rochas se formam na crosta. Ao contrário, sua formação segue uma disposição rígida, que reflete os eventos geológicos ocorridos em determinada região. É isso que permite aos pesquisadores reconstituir a história geológica da crosta terrestre por meio do estudo de seus constituintes, as rochas e os minerais.

Síntese

Neste capítulo, apresentamos uma pequena amostra da imensa variedade de materiais que integram os ambientes geotectônicos, entre eles as rochas e seus elementos constituintes, os minerais. Abordamos os minerais e os processos geológicos e geossistêmicos que os originam. Em seguida, demonstramos os processos que levam à gênese e à transformação das rochas, bem como sua classificação genética, ou seja, segundo o modo como elas se formam na natureza.

Atividades de autoavaliação

1. (IBGE, 2010) Dentre as séries de reação de Bowen, na série descontínua, qual o mineral de menor temperatura de cristalização?
   a) Olivina.
   b) Feldspato potássico (ortoclásio).
   c) Anfibólio.
   d) Clinopiroxênio.
   e) Biotita.

2. Analise as afirmativas a seguir e classifique-as em verdadeiras (V) ou falsas (F):
   ( ) Os minerais típicos das rochas metamórficas são os silicatos que ocorrem nas rochas ígneas, como o quartzo, o feldspato, a mica, o piroxênio e os anfibólios.

( ) Os metamorfismos e as rochas metamórficas cobrem a maior parte da superfície dos continentes e do fundo do oceano.

( ) A compactação ocorre quando minerais precipitam-se ao redor das partículas depositadas e se agregam umas às outras.

( ) A compactação ocorre quando os grãos são compactados pelo peso do sedimento sobreposto, formando uma massa mais densa que a original.

( ) As rochas metamórficas resultam da transformação de uma rocha preexistente (protólito) em estado sólido.

Assinale a alternativa que corresponde à sequência correta:
a) F, V, V, F, F.
b) F, V, V, V, V.
c) V, V, F, V ,V.
d) V, F, F, V, V.
e) V, V, V, V, V.

3. Sobre a definição de *rocha*, assinale a afirmativa correta:
   a) Rocha nada mais é que o conjunto de minerais.
   b) Rocha é o produto dos processos químicos.
   c) As rochas são agrupadas segundo o modo como suas camadas são formadas.
   d) As rochas são produtos consolidados, resultantes da união natural de minerais ou, ainda, agregados sólidos de minerais que ocorrem naturalmente. Diferentemente da areia, que é um conjunto de minerais soltos, as rochas têm seus cristais ou grãos constituintes muito unidos.
   e) As rochas são estruturas duras, coesas e homogêneas, que não podem ser divididas em seus minerais constituintes.

4. A erosão e o intemperismo produzem:
   a) sedimentos clásticos e sedimentos químicos e bioquímicos.
   b) sedimentos clásticos, sedimentos químicos e bioquímicos e sedimentos de origem orgânica.
   c) apenas sedimentos de origem orgânica.
   d) estratificação, que caracteriza os sedimentos e as rochas sedimentares.
   e) somente sedimentos orgânicos, clásticos e químicos.

5. Assinale a afirmativa incorreta:
   a) As rochas podem ser agrupadas segundo o modo como se formam na natureza em três grupos: ígneas ou magmáticas, sedimentares e metamórficas.
   b) Quando o magma resfria no interior do planeta, a rocha que se forma é do tipo ígnea intrusiva.
   c) O granito é a rocha ígnea intrusiva mais abundante na crosta terrestre.
   d) O resfriamento do magma extrusivo é muito rápido, por isso não há tempo suficiente para que os cristais que se formam cresçam, determinando uma textura de granulação fina.
   e) São exemplos de rochas magmáticas a calcita e a dolomita, existentes em grande quantidade na superfície do planeta.

Atividades de aprendizagem

Questões para reflexão

1. Em alguns corpos de granito são encontrados cristais muito grandes, com até 1 m de comprimento, que tendem a apresentar poucas faces cristalinas. O que você pode deduzir a respeito das condições de crescimento desses cristais?

2. Embora haja milhares de minerais conhecidos, os geólogos comumente se deparam com pouco mais de 30 minerais diferentes, que são os principais constituintes da maioria das rochas crustais e, por esse motivo, denominados *minerais formadores das rochas*. Qual é a razão disso?

Atividade aplicada: prática

Faça um levantamento sobre a constituição mineral de diferentes objetos que fazem parte do cotidiano das pessoas. Segue uma lista de elementos para que você descubra os componentes minerais que dão origem a eles.

» Nas casas – paredes, telhados, janelas, esquadrias, lâmpadas, pinturas, pisos, concreto, azulejos, fios elétricos.
» No transporte – asfaltos, automóveis, aviões, navios, trens, equipamentos para astronautas, foguetes, bicicletas.
» No banheiro – na maquiagem, na louça sanitária, na pasta de dentes, no bronzeador, nas toalhas, no espelho.
» Na cozinha – nos vidros, louças e porcelanas, nos fósforos, no fogão, na geladeira, nos utensílios domésticos.
» Nos aparelhos eletroeletrônicos.

Indicações culturais

Para aprofundar seus conhecimentos sobre os temas tratados neste capítulo, recomendamos algumas referências interessantes:

MINEROPAR - Serviço Geológico do Paraná. **Glossário de termos geológicos**. Disponível em: <http://www.mineropar.pr.gov.br/modules/glossario/conteudo.php?conteudo=M>. Acesso em: 19 nov. 2016.

SKINNER, B. J. **Recursos minerais da Terra**. São Paulo: E. Blucher, 1996.

4

Dinâmica externa da Terra

Conforme explicitamos nos capítulos anteriores, a Terra é um complexo sistema vivo e interdependente. Demostramos a validade dessa afirmação ao tratarmos do tempo geológico, do sistema solar, da formação da Terra e de sua constituição interna. Já explicamos que, de acordo com Press et al. (2006), as atividades geológicas são governadas por dois mecanismos térmicos: um interno e outro externo, que constituem os ciclos geoquímicos. O calor interno controla os movimentos no manto e no núcleo, suprindo energia para fundir rochas, mover continentes e soerguer montanhas, constituindo o ciclo endógeno ou interno.

O mecanismo externo é controlado pela energia solar. O calor do Sol energiza a atmosfera e os oceanos e é responsável pelo clima em diferentes locais do globo. A chuva, o vento e o gelo erodem montanhas, transportam elementos liberados que sofrem sedimentação e modelam a paisagem. Por fim, a forma da superfície muda o clima, concluindo o ciclo exógeno ou externo.

As forças relacionadas à dinâmica externa devem ser creditadas à **energia potencial da gravidade** e à **energia térmica das radiações solares**. Os processos geológicos que dependem dessa dinâmica externa – como o intemperismo, ou seja, o desgaste e fragmentação das rochas pela ação de fatores físicos e químicos, e a erosão, transporte e deposição de sedimentos por rios, geleiras e ventos – resultam, de maneira geral, dessas energias.

Neste capítulo, apresentaremos mais detidamente os dois principais fenômenos geológicos vinculados à dinâmica externa. Num primeiro momento, estudaremos os diversos mecanismos pelos quais as rochas sofrem a ação do intemperismo e são, por assim dizer, moldadas por ele. Demonstraremos que esse fenômeno, decorrente de causas mecânicas, químicas, térmicas, bioquímicas etc. –, determina a fragmentação das rochas mais antigas, extraindo delas sedimentos e estando, portanto, diretamente ligado à gênese das rochas sedimentares.

Numa segunda etapa, buscaremos entender como opera a erosão, que transporta os sedimentos gerados pelo intemperismo, deslocando-os pela superfície do planeta e depositando-os em áreas de altitude mais baixa, dando origem a formações rochosas sedimentares.

4.1 Intemperismo

Como explicamos nos capítulos precedentes, a formação de montanhas e outros elementos que compõem o relevo terrestre é consequência direta de processos tectônicos e vulcânicos que moldam a crosta terrestre. No entanto, além das transformações associadas à dinâmica interna do planeta, grande parte dos fatores responsáveis pelas feições de um perfil orográfico são decorrentes de sua dinâmica externa, ou seja, da ação de fenômenos que ocorrem na superfície e agem diretamente sobre a crosta. Em outras palavras, a crosta terrestre é também moldada por sua interação com a atmosfera, a hidrosfera e a biosfera, seja em decorrência da fragmentação ocasionada por fenômenos físicos e climáticos, como a chuva, o vento, a neve etc., seja pela decomposição química decorrente da ação de produtos do metabolismo dos seres vivos.

Chama-se *intemperismo* ao conjunto das alterações decorrentes dessa interação, sejam elas de ordem física (desagregação) ou química (dissolução e decomposição). O intemperismo é diretamente responsável pela extração de sedimentos rochosos e, portanto, pela formação do solo. Em acréscimo a outros processos que participam do **ciclo supérgeno** – erosão, transporte de detritos, sedimentação – o intemperismo desencadeia desgaste do perfil orográfico continental e, consequentemente, aplainamento do relevo.

> **Preste atenção!**
>
> Nomeia-se *ciclo exógeno* ou *externo* o conjunto das alterações sofridas pelas rochas na superfície do planeta como consequência de sua interação com a atmosfera ou a hidrosfera. O **ciclo supérgeno**, por sua vez, refere-se especificamente às transformações que têm como palco as superfícies continentais (as terras emersas). Este ciclo é integrado por quatro processos principais: **intemperismo, pedogênese, erosão** e **sedimentação continental**.

Os principais fatores que influenciam a ocorrência do intemperismo são os seguintes:

» Clima – Determina as grandes variações de temperatura e o regime sazonal de chuvas.
» Relevo – Influencia a drenagem das águas pluviais e, portanto, a velocidade de infiltração[i] de líquidos nos solos.
» Fauna e flora – Fornecem matéria orgânica cuja decomposição produz reações químicas que ocasionam os processos de intemperismo químico.
» Composição da rocha parental – Determina a maior resistência ou suscetibilidade ao intemperismo.
» Tempo de exposição – Quanto maior o período em que as rochas estiverem expostas aos agentes intempéricos, mais intenso será o intemperismo sofrido por elas.

---

i. Infiltração, neste caso, refere-se à ação de penetrar lentamente através de poros presentes em um corpo sólido; um filtro de porcelana, por exemplo.

O predomínio de cada um desses fatores, ou de associações entre eles, determina a existência de diferentes tipos de intemperismo. Isso permite classificar as variadas ocorrências desse fenômeno com base em seu mecanismo de ação. De maneira mais abrangente, porém, há duas grandes classes de intemperismo: o físico e o químico. Nas seções seguintes, comentaremos cada um deles e seus diversos mecanismos e subdivisões.

4.1.1 Intemperismo físico

Segundo Toledo, Oliveira e Melfi (2001, p. 141), o *intemperismo físico* engloba "todos os processos que causam desagregação das rochas, com separação dos grãos minerais antes coesos e com sua fragmentação, transformando a rocha inalterada em material descontínuo e friável", ou seja, passível de sofrer fragmentação, esfacelamento. Ainda de acordo com esses autores, variações periódicas e sazonais de temperatura provocam sucessivas contrações e expansões térmicas nas rochas, e isso, no decorrer do tempo, provoca a desagregação dos minerais que as compõem. Isso ocorre porque minerais de composições químicas e estruturas diferentes apresentam coeficientes de dilatação variados e, por isso, reagem de maneira diversa às variações de temperatura, o que acarreta o enfraquecimento e a consequente desagregação das rochas. Exemplo marcante desse processo, que podemos chamar de **intemperismo térmico** ou **termoclástico**, é o que ocorre nos desertos, uma vez que esse tipo de relevo apresenta variações muito grandes de temperatura entre dias e noites.

Outro importante mecanismo causador de intemperismo físico, particularmente frequente em regiões de clima quente e seco, deve-se à precipitação de solutos presentes nas águas de infiltração, com a subsequente cristalização desses sais nos interstícios das rochas. A continuidade desse processo ao longo do tempo faz os cristais assim formados aumentarem de tamanho e volume, causando a expansão das fissuras e a fragmentação do material lítico. Segundo Toledo, Oliveira e Melfi (2001, p. 142), esse tipo de intemperismo físico frequentemente afeta monumentos (esculturas, por exemplo) construídos com rochas menos resistentes a esse tipo de alteração, como as carbonáticas. Os sais que se precipitam com mais frequência nas fissuras das rochas são os cloretos, os sulfatos e os carbonatos (Toledo; Oliveira; Melfi, 2001, p. 142).

Um processo semelhante ocorre em áreas sujeitas periodicamente a baixas temperaturas, capazes de provocar o congelamento da água de infiltração. A água solidificada aumenta de volume, passando a exercer pressão sobre as paredes das fraturas, o que intensifica o processo de fragmentação das rochas (Figura E, nos Anexos).

Outro importante tipo de intemperismo físico ocorre em consequência do afloramento de corpos rochosos (geralmente intrusivos) por soerguimento ou subsidência. Nesse caso, a pressão anteriormente exercida pelas rochas a eles sobrepostas deixa de existir, possibilitando que esses corpos se expandam. Isso, por vezes, origina fraturas paralelas à superfície, às quais denominamos *juntas de alívio* (Figura F, nos Anexos).

Por fim, há também o intemperismo decorrente do crescimento de raízes vegetais por entre as fissuras das rochas. Ao crescerem, essas raízes pressionam as paredes das fissuras, aumentando-as e causando fragmentações e fraturas. Quando isso ocorre, há o chamado *intemperismo físico-biológico* (Figura G, nos Anexos).

É fundamental esclarecermos que um tipo de intemperismo, seja qual for sua causa, dificilmente ocorre de maneira isolada. Toledo, Oliveira e Melfi (2001, p. 143) assinalem que "Fragmentando as rochas e, portanto, aumentando a superfície exposta ao ar e à água, o intemperismo físico abre o caminho e facilita o intemperismo químico". Portanto, as modificações operadas sobre as rochas pelo intemperismo resultam de fatores de natureza diversa que atuam em interação.

4.1.2 Intemperismo químico

De acordo com Toledo, Oliveira e Melfi (2001), como já mencionamos, a fragmentação e a desagregação causadas pelos mecanismos que atuam no intemperismo físico favorecem a infiltração e a percolação da água da chuva nos interstícios e porosidades presentes nas formações rochosas. Antes de atingir o solo, porém, essa água entra em contato com os gases atmosféricos, particularmente o dióxido de carbono (CO_2) e o oxigênio (O_2), interação que a torna mais ácida pela formação de ácido carbônico (H_2CO_3). A reação que leva a essa acidificação da água é a seguinte:

$$H_2O + CO_2 \rightarrow H_2CO_3$$

Quando essa água se infiltra em solos enriquecidos com CO_2 liberado pela decomposição da matéria orgânica, sua acidez se acentua, o que aumenta sua capacidade de reagir com os minerais, promovendo intemperismo químico. Nesse caso, a água passa a constituir o que convencionou-se chamar de *solução de alteração* ou de *lixiviação*[ii].

Os minerais de rochas duras[iii], também conhecidos como *minerais primários*, quando entram em contato com a solução de alteração, sofrem reações químicas diversas. Tais reações estão condicionadas a fatores determinantes, como a presença de reagentes

---

ii. Lixiviação é a dissolução e remoção de constituintes químicos de uma rocha em consequência da percolação de um líquido.

iii. *Rochas duras* é um termo informal aplicado às rochas cristalinas para diferenciá-las das sedimentares.

(minerais originais da rocha e solução de alteração) e condições adequadas para que elas se processem (clima, relevo, presença de organismos e tempo). Além disso, ao aflorar à superfície as rochas encontram condições muito diversas das que predominavam no ambiente onde se formaram: baixas pressões e temperaturas, presença de água e oxigênio em abundância. Tais características provocam um desequilíbrio na estrutura dos minerais, tornando-os sucetíveis a uma série de reações químicas, em consequência das quais eles se transformam em minerais mais estáveis, os quais são chamados de *minerais secundários*. As modificações causadas nas rochas por esse tipo de intemperismo, portanto, além de químicas e mineralógicas, são principalmente estruturais, pois implicam reorganização e transferência de minerais.

Preste atenção!

Características dos minerais primários:
» Formam-se no interior da crosta terrestre, sob altas pressões e temperaturas.
» Provêm do material originário.
» Sua composição mantém-se praticamente inalterada.
» Derivam das rochas por simples fragmentação.
» Tornam-se instáveis quando submetidos às condições características da superfície da Terra.
» Decompõem-se rapidamente
   Exemplos: quartzo, feldspato, plagioclásio, mica, piroxênios, anfibólios, olivinas etc.

Características dos minerais secundários:
» São sintetizados (neoformados) nas condições ambientais vigentes na superfície.
» Geralmente, formam-se em decorrência do intemperismo químico.

» São sintetizados no próprio solo (*in situ*) a partir dos produtos da intemperização dos minerais primários menos resistentes ou resultantes de alterações de estrutura de certos minerais primários, que ocorrem também *in situ*, ou, ainda, são herdados do material originário.

Exemplos: minerais de argila – silicatos de alumínio em estado cristalino –, silicatos não cristalinos, óxidos e hidróxidos de alumínio e ferro, carbonatos de cálcio e de magnésio etc.

O intemperismo químico descrito pode ser representado pela seguinte equação genérica (Toledo, 2017, p. 141):

Mineral I + solução de alteração → Mineral II + solução de lixiviação

Para explicarmos melhor essa fórmula, apresentamos o que cada um de seus termos significa:

Mineral I – Mineral primário (exemplo: quartzo, feldspato, mica, piroxênio etc.).

Solução de alteração – Água pluvial carregada de substâncias em dissolução.

Mineral II – Mineral secundário (exemplos: goethita, gibbsita, argilominerais etc.).

Solução de lixiviação – Água da chuva modificada pelas reações do intemperismo (Toledo, 2017, p. 141).

4.1.3 Reações do intemperismo

Conforme Toledo, Oliveira e Melfi (2001, p. 144) as reações químicas que promovem intemperismo "estão sujeitas às leis do equilíbrio químico e às oscilações das condições ambientais". Esses autores acrescentam que tais reações podem ser "aceleradas ou retardadas, ou seguir caminhos diferentes, gerando diferentes minerais secundários e diferentes soluções de lixiviação" (Toledo; Oliveira; Melfi, 2001, p. 144-145).

Os principais tipos de reação química ligados ao intemperismo são: dissolução, hidratação, hidrólise e oxidação.

4.1.3.1 Dissolução

A dissolução pode ser considerada o estágio mais básico de intemperismo químico. Essa reação nada mais é do que a solubilização completa de um mineral na água de infiltração.

A solubilidade dos minerais depende diretamente da sua composição química. Certos minerais, como o quartzo, são insolúveis em condições normais. Alguns, como a halita, ao contrário, dissolvem-se facilmente em água. Há outros que, embora normalmente insolúveis, podem se solubilizar graças a fatores como a elevação da temperatura ou a acidificação da água pelo CO_2 atmosférico. Um bom exemplo deste último caso é o da calcita (carbonato de cálcio), que normalmente é pouco solúvel, porém, quando a água de dissolução apresenta concentrações elevadas de CO_2, ou melhor, de H_2CO_3, sua solubilidade passa a ser bastante aumentada. Esse processo obedece à seguinte sequência de reações:

$$H_2O + CO_2 \to H_2CO_3 \text{ (ácido carbônico)}$$

$$CaCO_3 + H_2CO_3 \to Ca^{2+} + 2HCO_3^- \text{ (íons bicarbonato)}$$

Quando o cálcio e o bicarbonato em dissolução encontram um meio com menor pressão de gás carbônico, o bicarbonato perde uma molécula de CO_2, e o carbonato de cálcio volta a se precipitar, gerando novos cristais de calcita ou de aragonita:

$$Ca^{2+} + 2HCO_3^- \rightarrow CaCO_3 + CO_2 + H_2O$$

Esse conjunto de reações químicas ocorre com bastante frequência em terrenos calcários, levando à formação de relevos **cársticos**, caracterizados pela presença de cavernas e grutas.

4.1.3.2 Hidratação

Esta reação ocorre em decorrência da atração entre os dipolos das moléculas de água e cargas elétricas não neutralizadas das moléculas dos minerais. Consequentemente, ocorre a adição por adsorção de moléculas de água pelo mineral, cuja estrutura é então transformada física e quimicamente. O intemperismo ocorre em virtude da expansão dos minerais hidratados (num processo semelhante ao do intemperismo por congelamento), ou da diminuição da sua dureza.

O exemplo mais célebre de intemperismo por hidratação é a transformação de anidrita (sulfato de cálcio ortorrômbico) em gipsita (sulfato hidratado de cálcio monoclínico), segundo a fórmula:

$$CaSO_4 + 2H_2O \rightarrow CaSO_4 \cdot 2H_2O$$

Figura 4.1 - Cargas elétricas insaturadas na superfície dos grãos minerais atraem moléculas de água, que funcionam como dipolos graças a sua morfologia

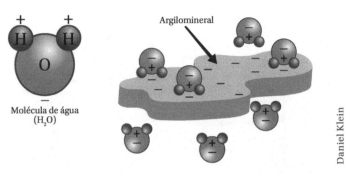

Fonte: Elaborado com base em Toledo; Oliveira; Malfi, 2001, p. 145.

4.1.3.3 Hidrólise

Hidrólise é toda reação química em que a dissociação de uma molécula de água libera seus íons – **cátion hidrogênio** (H^+) e **ânion hidroxila** (OH^-) –, que então se ligam às moléculas de um mineral, rompendo as ligações químicas entre seus átomos e, portanto, modificando sua estrutura. Portanto, nesse tipo de reação, a água atua não apenas como solvente, mas também como o principal reagente.

De acordo com Toledo (2017), trata-se da reação de intemperismo mais importante em climas tropicais. A opinião dessa autora é, sem sombra de dúvida, justificável, uma vez que a hidrólise dos silicatos é a principal reação de intemperismo químico desse grupo de minerais que são os principais e mais abundantes formadores de rochas. É, além disso, uma reação química de ocorrência muito frequente em ambientes de alto índice pluviométrico como as regiões tropicais e subtropicais úmidas.

Analisemos esse mecanismo de intemperismo químico tomando como exemplo a hidrólise de um feldspato potássico (K-feldspato), o ortoclásio ($KAlSi_3O_8$), em presença de água e em um meio rico em H_2CO_3 resultante da reação desta com o CO_2 atmosférico. Podemos

Figura 4.2 - Alteração de um feldspato potássico em presença de água e ácido carbônico, com entrada de íons hidrogênio (H⁺) na estrutura do mineral, substituindo íons potássio (K⁺)

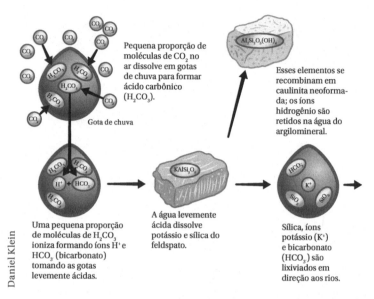

Fonte: Elaborado com base em Toledo, Oliveira e Malfi, 2001, p. 145.

Numa reação de hidrólise de silicatos, a água, em meio ácido, ioniza-se, liberando íons H⁺, que reagem com moléculas das estruturas minerais, deslocando cátions alcalinos (K⁺ e Na⁺) e alcalinoterrosos (Ca²⁺ e Mg²⁺), que são liberados para a solução. No caso que tomamos como exemplo, o cátion deslocado é o K⁺ do feldspato. A estrutura molecular do mineral, portanto, é rompida, o que ocasiona a liberação de silício (Si) e alumínio (Al) para a fase líquida. Esses elementos, então, recombinam-se de modo a constituir minerais secundários (neoformação). Quanto maior o teor de íons em dissolução, mais intensa a reação de hidrólise (Toledo; Oliveira; Malfi, 2001).

Ainda tomando como exemplo o caso dos feldspatos, podemos distinguir dois tipos de hidrólise (Toledo; Oliveira; Malfi, 2001):

1. **Hidrólise total** – Toda a sílica e o potássio são eliminados. Esse fenômeno é condicionado a perfis de alta pluviosidade e drenagem eficiente. O resíduo da hidrólise total do K-feldspato é o hidróxido de alumínio ($Al(OH)_3$), que, sendo insolúvel nessa faixa de pH (entre 5 e 9), precipita-se na forma do mineral **gibbsita**.

$$KAlSi_3O_8 + 8\ H_2O \rightarrow Al(OH)_3 + 3\ H_4SiO_4 + K^+ + OH^-$$

2. **Hidrólise parcial** – Depende de condições de drenagem menos eficientes, o que resulta na permanência de parte da sílica no perfil. O potássio, por sua vez, pode ser total ou parcialmente eliminado. Esses elementos, liberados pela hidrólise, reagem com alumínio, resultando assim na formação de aluminossilicatos hidratados (**argilominerais**). Quando o potássio é totalmente eliminado, mas o alumínio permanece, forma-se a **caulinita**. Quando, ao contrário, o potássio é eliminado apenas em parte, forma-se a **esmectita**.

De acordo com Toledo, Oliveira e Melfi (2001, p. 146), nos casos de hidrólise total em que o alumínio e o ferro permanecem no perfil, e ocorre um processo de eliminação total da sílica e de formação de oxi-hidróxidos de alumínio e de ferro, o processo de intemperismo recebe o nome de *alitização* ou *ferratilização*. Quando a hidrólise é parcial e há formação de silicatos de alumínio, o processo é denominado *sialitização*. Quando o resultado do intemperismo é a formação de argilominerais do tipo caulinita (em que há uma proporção entre Si e Al de 1:1), ocorre a chamada *monossialitização*; se os argilominerais formados forem do tipo esmectita (proporção entre Si e Al de 2:1), o processo é denominado *bissialitização*.

4.1.3.4 Acidólise

A acidólise é um processo de decomposição de minerais primários que ocorre em ambientes mais frios, nos quais as baixas temperaturas impedem que a decomposição da matéria orgânica não seja total. Em tais casos, ocorre a formação de ácidos orgânicos que provocam uma acentuada diminuição do pH da água, que pode chegar a índices inferiores a 5. Essa acidificação intensa das águas de infiltração as faz capazes de solubilizar até mesmo metais como o ferro e o alumínio, o que torna a acidólise o mais importante processo de decomposição de minerais primários nas regiões de clima subártico (Toledo; Oliveira; Melfi, 2001), como as áreas cobertas por florestas de taiga da Sibéria, do Canadá, da Finlândia etc.

Em pHs muito baixos (<3), minerais como o feldspato potássico sofrem acidólise total, de modo que todos os seus elementos constituintes entram em solução. Nos casos em que ocorre apenas acidólise parcial – em meios com pH entre 3 e 5 –, verifica-se a remoção apenas parcial do alumínio, que leva à formação de esmectitas aluminosas (Toledo; Oliveira; Melfi, 2001, p. 147).

4.1.3.5 Oxidação

O intemperismo químico por oxidação ocorre quando a água enriquecida com oxigênio atmosférico em solução penetra no subsolo, e ali reage com minerais que contêm metais (ferro, manganês etc.) e não metais (enxofre) oxidáveis, ou seja, elementos que apresentam afinidade pelo oxigênio. Trata-se de uma reação que depende da umidade, motivo pelo qual é pouco expressiva em regiões de clima seco em que há extrema escassez de água.

Toledo, Oliveira e Melfi (2001, p. 147) explicam que "alguns elementos podem estar presentes nos minerais em mais de um estado de oxidação, como, por exemplo, o ferro, que se encontra nos minerais ferromagnesianos primários como a biotita, anfibólios, piroxênios e olivinas sob a forma de Fe^{2+}" (cátion ferroso). Quando solubilizado, esclarecem ainda os autores citados, este oxida-se a Fe^{3+} (cátion férrico) e precipita-se, passando a constituir um novo mineral, a goethita (hidróxido de ferro hidratado).

Na Figura 4.3, é possível visualizar o processo de oxidação do piroxênio e de formação da goethita.

Figura 4.3 - A alteração intempérica de um mineral com Fe^{2+} resulta, por oxidação do Fe^{2+} para Fe^{3+}, na formação de um oxi-hidróxido: a goethita

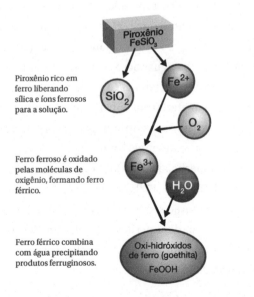

Fonte: Elaborado com base em Toledo; Oliveira; Melfi, 2001, p. 147.

Compostos ferrosos geralmente apresentam coloração cinzenta ou esverdeada. Os férricos, por outro lado, manifestam tons que variam entre o amarelo, o vermelho, o ocre, o castanho e o preto. Isso confere aos solos resultantes de processos de oxidação de minerais contendo ferro, "tons de castanho, vermelho, laranja e amarelo, tão comuns nos solos das zonas tropicais" (Toledo; Oliveira; Melfi, 2001, p. 148). Um exemplo disso são as lateritas, solos que contêm grande quantidade de oxi-hidróxidos de alumínio e de ferro e que apresentam coloração castanho-avermelhada.

4.2 Erosão

O termo genérico *erosão* é aplicado ao conjunto de processos que promovem a desagregação do solo e das rochas e o transporte dos sedimentos resultantes para regiões mais ou menos distantes do seu sítio de origem, por meio de agentes erosivos (ventos, água das chuvas, rios, geleiras, águas oceânicas etc.). Em outras palavras, é um mecanismo de transferência de material geológico alterado e deposição desse material em outro ponto da superfície terrestre. Trata-se de um processo contínuo, pois novas porções de rocha fresca se expõem ao intemperismo à medida que a erosão desloca o material superficial alterado (Press et al., 2006).

Press et al. (2006, p. 172) afirmam que "de certa forma, o intemperismo e a erosão são inseparáveis". De fato, juntos, ambos modelam os relevos da superfície terrestre, são responsáveis pela gênese dos sedimentos a partir das rochas e, consequentemente, pela formação dos solos.

4.3 Ciclo das rochas

O ciclo das rochas é consequência da interação entre dois dos sistemas que integram o Sistema Terra: o da **tectônica de placas** e o do **clima**. Essa interação, segundo Press et al. (2006, p. 111) é responsável pelo fluxo incessante de matéria e energia entre o interior da Terra e toda a superfície do planeta, incluindo os oceanos e a atmosfera. Quando o magma resultante da fusão de rochas em áreas de subducção entre placas tectônicas extravasa em consequência de uma erupção vulcânica, transfere matéria e energia para a superfície terrestre. O material assim transferido solidifica em contato com as temperaturas mais baixas, gerando novas rochas. Estas são logo submetidas à ação do intemperismo, pela ação do sistema climático. Esse mesmo evento lança cinzas e gases vulcânicos (incluindo CO_2) nas camadas superiores da atmosfera, e isso pode desencadear alterações climáticas capazes de afetar todo o planeta, tornando-o mais quente ou mais frio, mais seco ou mais úmido. Isso afeta a taxa de intemperismo, que, por sua vez, interfere na taxa com que o material (sedimento) regressa ao interior da Terra.

Figura 4.4 – Ciclo das rochas

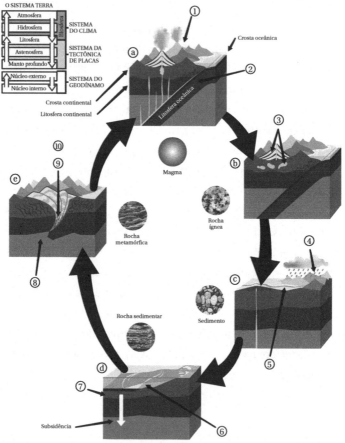

1. A subducção de uma placa oceânica em uma placa continental soergue uma cadeia de montanhas vulcânicas.
2. A placa que subducta funde-se à medida que mergulha. O magma ascende da placa fundida e do manto e extravasa-se como lava ou intrude-se na crosta.
3. O magma esfria para formar as rochas ígneas: as rochas vulcânicas cristalizam do magma ou da lava extrudida; e as rochas plutônicas cristalizam das intrusões subterrâneas.
4. As montanhas soerguidas forçam o ar carregado de umidade a ascender, esfriar, condensar e precipitar.
5. A precipitação, o congelamento e o degelo criam material solto – sedimento – que é carregado pela erosão...
6. ... e é transportado para o oceano por rios, onde é depositado como camadas de areia e silte. As camadas de sedimentos são soterradas e sofrem litificação, tornando-se rochas sedimentares.
7. O soterramento é acompanhado de subsidência, que é o afundamento da crosta da Terra.
8. Ao longo das margens tectonicamente ativas, por exemplo, onde os continentes colidem, as rochas são soterradas ou comprimidas por pressão extrema, em um processo chamado orogenia.
9. À medida que uma rocha sedimentar é soterrada em maiores profundidades na crosta, ela torna-se mais quente e metamorfiza-se. As rochas ígneas também podem metamorfizar-se.
10. Fusões subsequentes ou subducção de outra placa oceânica recomeçam o ciclo.

Fonte: Elaborado com base em Press et al., 2006, p. 112.

Síntese

Neste capítulo, tratamos das transformações por que passa a crosta terrestre em consequência das interações entre a atmosfera, a hidrosfera, a biosfera e a litosfera, ou seja, do intemperismo e seus produtos. Em seguida, apresentamos os tipos de intemperismo existentes: o químico – a alteração química ou dissolução dos minerais – e o físico – a fragmentação das rochas por processos mecânicos. Por fim, tratamos da erosão, fenômeno que desgasta a superfície e transporta os produtos do intemperismo, que são a matéria-prima dos sedimentos e do ciclo das rochas.

Atividades de autoavaliação

1. As rochas, quando passam pelo processo de intemperismo, sofrem um processo de decomposição e desagregação, transformando-se em sedimentos ou material sedimentar, que podem ser transportados para outras áreas. Tendo isso em vista, os termos *decomposição* e *desagregação* fazem referência, respectivamente, aos intemperismos:
   a) naturais e antrópicos.
   b) físicos e químicos.
   c) químicos e físicos.
   d) biológicos e bioquímicos.
   e) orgânicos e físico-químicos.

2. Sobre o intemperismo, é **incorreto** afirmar que:
   a) envolve a desintegração das rochas e os processos que modificam as propriedades físicas dos minerais e das rochas (morfologia, resistência e textura) e suas características químicas (composição química e estrutura cristalina).

b) é um elo importante no ciclo das rochas e está relacionado à gênese das rochas sedimentares.

c) seus produtos, rocha alterada e solo, estão sujeitos aos processos de erosão, transporte e sedimentação.

d) o ciclo das rochas inicia-se com a destruição das rochas da superfície pela ação dos agentes internos.

e) é o conjunto de alterações físicas e químicas que as rochas sofrem quando ficam expostas na superfície da Terra.

3. Assinale a alternativa **incorreta**:
   a) O resultado do intemperismo físico são rochas inalteradas, em material contínuo e incólume, porém de composição química modificada.
   b) As variações de temperatura e umidade ao longo dos dias e das estações do ano causam contração e expansão térmica nas rochas.
   c) O intemperismo ocorre quando um corpo rochoso ascende a níveis superficiais (crustais).
   d) A cristalização de sais dissolvidos nas águas que infiltram rochas causa a fragmentação do material.
   e) Entre os fatores que influem no intemperismo está o clima, que determina a distribuição sazonal das chuvas.

4. Analise as afirmações a seguir e classifique-as em verdadeiras (V) ou falsas (F):
   ( ) A reação do intemperismo químico é regida pela seguinte fórmula: Mineral I + solução de alteração → Mineral II + solução de lixiviação.
   ( ) Hidratação é a entrada de moléculas de água na estrutura de um mineral, modificando-o e formando outro mineral.
   ( ) Oxidação ocorre com todos os minerais que têm elementos químicos passíveis de serem oxidados, como o ferro.

( ) Acidólise é um processo de decomposição de minerais primários em meios de baixo pH, que predomina em regiões de clima frio.

( ) Hidrólise é a reação menos importante de intemperismo nos climas tropicais.

Assinale a alternativa que apresenta a sequência correta:
a) F, V, V, V, V.
b) F, V, V, V, F.
c) V, V, F, V, V.
d) V, V, V, F, V.
e) V, V, V, V, F.

5. Assinale a seguir a alternativa que **não** apresenta um agente erosivo:
a) Água das chuvas.
b) Vento.
c) Sedimento.
d) Gelo.
e) Água do mar.

Atividades de aprendizagem

Questões para reflexão

1. Levando em conta os fenômenos ligados à biosfera, à atmosfera, à hidrosfera e à litosfera, descreva a Terra como um sistema de componentes interativo.

2. Como os sistemas do clima e da tectônica de placas interagem para modificar a paisagem?

Atividade aplicada: prática

Pesquise sobre a existência de uma região em sua cidade ou estado onde o substrato rochoso predominante seja constituído por **calcário**. Procure descobrir se e como o intemperismo nessa região pode afetar ou impactar a população local e também que cuidados devem reger o uso e a ocupação dessas áreas.

Indicação cultural

Para aprofundar seus conhecimentos nas questões tratadas neste capítulo, sugerimos a seguinte obra de referência:

GUERRA, A. J. T. **Erosão e conservação dos solos**: conceitos, temas e aplicações. Rio de Janeiro: Ícone, 1999.

Parte 2

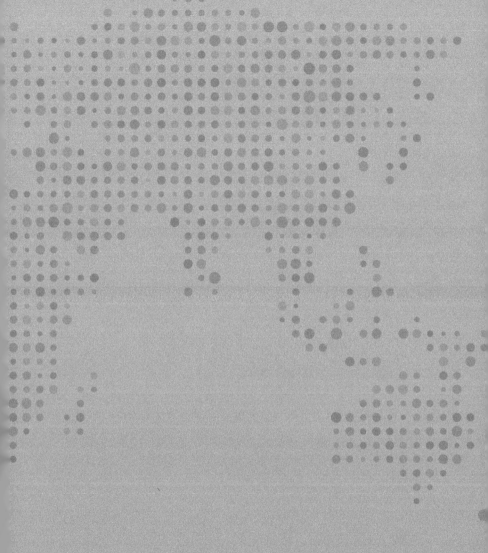

Solos

5

Formação e características dos solos

Neste capítulo, sobre pedologia, trataremos da formação e das principais características dos solos[i]. Comentaremos alguns conceitos fundamentais para o conhecimento da ciência dos solos, como a diferença entre *solo*, *rególito* e *saprólito*.

Explicaremos que os solos são sistemas dinâmicos e que, para entender sua formação, é necessário considerar um conjunto de processos pertinentes, condicionados pela ação de diversos fatores. Abordaremos também o comportamento de cada um desses fatores – clima, relevo, organismos, material de origem – e o modo como eles interagem entre si ao longo do tempo, para elucidar como são desencadeados os processos formadores ou pedogenéticos do solo.

Trataremos das camadas horizontais ou perfis, resultantes dos fenômenos e processos que atuam na formação dos solos, da morfologia e da caracterização química do solo.

Todas essas informações são úteis para explicitarmos a importância e a complexidade da formação dos solos, suas características e sua inter-relação com todo o geossistema.

5.1 Pedologia e a ciência do solo

É possível dividir didaticamente os estudos do solo (do latim *solum*, "terra, chão") em dois momentos: o primeiro, observado em registros muito antigos, frequentemente atribui sentidos religiosos às práticas agrícolas; o segundo, mais recente, fundamenta-se no

---

i. Esta obra adota o conceito de solo proposto pelo *Soil Survey Manual*, publicado pela *Soil Survey Division Staff*.

método científico. Houve, portanto, uma evolução no conceito de *pedologia*, um ramo dinâmico e relativamente novo da ciência, e que, por isso mesmo, tem enfrentado muitos desafios.

Como ocorre em todas as áreas do conhecimento, a pedologia apresenta ramificações e especializações ligadas aos vários aspectos que norteiam as pesquisas sobre o solo: formação, classificação, mapeamento, atributos físicos, químicos e biológicos, aspectos relacionados à sua fertilidade, uso e manejo (Lepsch, 2011). Além disso, é necessário fazer uma distinção entre duas disciplinas que se ocupam de diferentes aspectos do conhecimento sobre os solos: a **pedologia**, propriamente dita, trata da sua gênese, classificação e mapeamento; a **edafologia** (do termo grego *edaphos*, "terra" ou "terreno") trata dos solos sob a perspectiva da agronomia.

De acordo com Lepsch (2011, p. 37), o pedólogo

> deve interessar-se tanto pela camada superficial do solo como pelas demais, procurando entender como se formaram (pedogênese), pois o solo é algo dinâmico, que teve sua formação iniciada a partir de uma rocha que se desagregou mecanicamente e se decompôs quimicamente, até formar um material solto que, com o passar do tempo, se espessou, modificando-se e individualizando-se.

No Brasil, a ciência do solo engloba várias outras áreas ou subáreas, como a fertilidade, a microbiologia, o manejo agrícola, a física e a química.

5.2 Conceitos

Lepsch (2011, p. 38) comenta que, para muitas pessoas, "solo vem a ser sinônimo de qualquer parte da superfície da Terra e mesmo de outros planetas". Trata-se de um conceito que, embora recorrente para o senso comum, revela-se desprovido de validade quando o sujeito se dedica a conhecer mais a fundo esse componente essencial da crosta terrestre. Isso fica claro na afirmação do autor citado de que para diferentes profissionais esse elemento adquire diferentes conceituações:

> Geólogos podem entendê-lo como parte de uma sequência de eventos geológicos no chamado "ciclo geológico". [...] Para o engenheiro de minas, [...] ele é mais um material solto que cobre os minérios e que necessita ser removido. [...] O engenheiro de obras normalmente o considera como parte de matéria-prima para construções de aterros, estradas, barragens e açudes. Químicos, [...] podem considerá-lo como uma porção de material sólido que pode ser analisada no laboratório. Físicos comumente o veem como uma massa de material cujas características mudam em função de variações de temperatura e conteúdo de água.
>
> Para os homens da lei, ele muitas vezes é sinônimo de "torrão natal", como na expressão "solo pátrio". Para o historiador e o arqueólogo, ele é como um "gravador do passado". Os artistas e filósofos podem vê-lo como um objeto belo, muitas vezes místico, relacionado às forças da vida; em contraste com o lavrador, que o vê como espaço de sua labuta diária [...] e de onde tira sua subsistência. (Lepsch, 2011, p. 38)

Em outra publicação, Lepsch (2002) defende que, para o pedólogo, "solo é a coleção de corpos naturais dinâmicos, que contém matéria viva, e é resultante da ação do clima e de organismos sobre um materiel de origem, cuja transformação em solo se realiza durante certo tempo e é influenciada pelo tipo de relevo".

No entanto, a definição de solo que adotamos para o escopo deste livro é a do *Soil Survey Manual* (USDA, 1951, citado e traduzido por Lepsch, 2011, p. 39):

> A coleção de corpos naturais que ocupam partes da superfície terrestre, os quais constituem um meio para o desenvolvimento das plantas e que possuem propriedades resultantes do efeito integrado do clima e dos organismos vivos, agindo sobre o material de origem e condicionado pelo relevo durante certo período de tempo.

Lepsch (2011) também propõe o termo *pedosfera* em referência ao conjunto de solos de toda a Terra, nos quais os diversos minerais encontram-se em constante interação, e que se desenvolvem na interseção das demais esferas do Sistema Terra. Nomeadamente essas esferas são, como mencionamos outrora: hidrosfera, atmosfera, biosfera e litosfera.

5.3 Constituição do solo

Antes de iniciarmos nossa explanação sobre a formação do solo, é importante entendermos a diferença entre *solo*, *rególito* e *saprólito*. Já citamos, na seção anterior, a definição de solo que é aqui adotada. Quanto aos outros conceitos que nos interessam neste momento, podem ser definidos como:

- » Rególito – Material não consolidado, residual ou transportado por agentes erosivos, que recobre as rochas da crosta. Trata-se, portanto, de "todas as camadas de rocha intemperizada, sedimentos e solo" (Lepsch, 2011, p. 44) existentes sobre superfície da crosta terrestre.
- » Saprólito – toda rocha que sofre intemperismo químico (o termo vem do grego *saprós*, "podre", e *lithos*, "rocha", ou seja, "rocha podre"). Geralmente é de consistência macia e friável. Ao contrário do rególito, não é transportado, e sim autóctone; por isso conserva características estruturais da rocha de origem.

O solo, como um todo, localiza-se na porção superior do rególito – também chamado *manto de intemperização*. Normalmente, apresenta um teor mais alto de materiais orgânicos (muitas raízes de plantas e organismos vivos) que o saprólito, além de ser mais intensamente intemperizado que este. Além disso, o solo apresenta várias seções (ou zonas) superpostas e paralelas à superfície (denominadas *horizontes*), o que não acontece com o saprólito.

Figura 5.1 – Elementos formadores do solo

Neste capítulo, trataremos dos fatores e dos processos de formação do solo e de sua evolução, ou seja, a pedogênese ou gênese do solo.

Fique atento! Os solos são sistemas muito complexos. Por essa razão, seu estudo requer a utilização de teorias e modelos, ambos necessários para organizar o conhecimento científico e determinar questões ou hipóteses a serem formuladas a respeito dessas formações. Afinal, é notório que os fatos somente adquirem significado quando são investigados e organizados à luz de uma teoria (Dijkerman, 1974; Simonson, 1959). Isso é particularmente válido no caso dos solos, uma vez que eles apresentam uma notável variabilidade espacial, que é explicada, em grande parte, pelas variações interativas dos fatores geológicos, climáticos, topográficos e bióticos que influenciam sua formação ao longo do tempo (Sposito; Reginato, 1992). A origem desse conhecimento deve-se a estudos realizados no final do século XIX por V. V. Dokuchaev, na Rússia, e posteriormente difundidos por Jenny (1980).

Os fatores de formação do solo condicionam a ação de um conjunto de processos que, ao longo do tempo, produzem mudanças nas propriedades das coleções, resultando na evolução dessa formação geológica (Young, 1976). Portanto, os solos não apenas se desenvolvem até determinado ponto, mas (ainda que lentamente) evoluem de modo contínuo; por isso, não há estabilidade ou ponto de equilíbrio com o ambiente: solos são sistemas dinâmicos. Em síntese, somente é possível definir a formação de um solo considerando-se um conjunto de processos pertinentes.

Importante

Targulian e Krasilnikov (2007) afirmam que os estudos das relações entre ambiente e solo baseiam-se na soma dos seguintes fatores:

» Interação de fatores de formação do solo.
» Funcionamento (dinâmica) interno do sistema solo.
» Processos pedogenéticos específicos.
» Propriedades e características do solo.
» Funções externas dos solos.

5.3.1 Fatores de formação do solo

O paradigma dos fatores de formação do solo, também conhecido como *modelo fatorial-funcional* (Dokuchaev, 1967; Jenny, 1980), fornece uma estrutura conceitual para o entendimento desse fenômeno. De acordo com esse modelo, os fatores ambientais *clima* (c), *relevo* (r), *organismos* (o), *material de origem* (m), e alguns fatores subsidiários não especificados (indicados por reticências), interagindo ao longo do *tempo* (t), são variáveis que condicionam a formação do solo (S), expressa pela seguinte equação (Jenny, 1980):

$$S = f(r, o, m, t, ...)$$

Abordaremos esses fatores as subseções a seguir.

5.3.1.1 Fator clima

Embora haja outros elementos que contribuem para a ação do clima na formação do solo, como o vento e a orientação do declive, esta depende principalmente da precipitação pluviométrica e da temperatura, com sua distribuição sazonal e variação diuturna (Young, 1976).

Fique atento! Geralmente, atribui-se ao fator clima certa precedência sobre os demais, em virtude de sua atuação ser extremamente importante na formação dos solos. Essa precedência é compreensível, uma vez que uma mesma rocha pode formar solos totalmente distintos, quando intemperizada sob condições climáticas diferentes. O inverso também é verdadeiro: rochas diferentes dão origem a solos semelhantes quando submetidas ao mesmo ambiente climático por um longo tempo – um aspecto reforçado quando se trata de ambientes muito quentes e úmidos, como os tropicais.

O volume pluviométrico determina a quantidade de água presente no solo, e esta, como alertamos anteriormente, é o principal agente intemperizante, além de ser essencial ao crescimento e ao desenvolvimento das plantas (também elas importantes agentes de intemperismo biológico).

A água promove também a redistribuição, a adição e a remoção de materiais no interior do solo. O regime de umidade do solo determina a quantidade de água disponível para a lixiviação e o intemperismo, e fornece dados sobre o seu ambiente de formação. A determinação da quantidade mínima de água necessária para que a lixiviação ocorra é de grande interesse, tanto para a pedogênese quanto para a hidrologia. Para esta, a umidade significa a existência ou não de recarga da água subterrânea; para aquela, a permanência ou a remoção de componentes solúveis do solo (por exemplo: silício), e portanto o equilíbrio das reações de intemperização.

A **temperatura**, por sua vez, determina a quantidade de umidade disponível para que os processos pedogenéticos ocorram. Além disso, a velocidade das reações químicas aumenta exponencialmente com a temperatura. A cada 10 °C de aquecimento, a velocidade quase dobra. Adicionalmente, por ter influência direta sobre a atividade da biota, a temperatura interfere na quantidade e na natureza dos resíduos orgânicos adicionados ao solo.

> Costa e Godoy (1962) demonstraram que, em regiões tropicais e subtropicais, as temperaturas médias anuais do ar e do solo são bastante próximas até a profundidade de 1 m. As diferenças registradas por esses autores variam de 0,5 °C a 2 °C. Segundo eles, a maior oscilação de temperatura ao longo do dia ocorre nas profundidades inferiores a 30 cm. Em profundidades maiores, a temperatura do solo torna-se praticamente constante.

Quanto mais quente e úmido for o clima, mais rápida e intensa será a decomposição das rochas, resultando em materiais muito intemperizados. Estes, por sua vez, darão origem a solos espessos, ácidos, com grande teor de minerais secundários – principalmente argilominerais do tipo 1:1, óxidos de ferro e de alumínio – e pobres em cátions básicos. Solos de climas áridos ou muito frios, ao contrário, são pouco espessos e contêm maior quantidade de minerais primários, pouco ou nada afetados pelo intemperismo químico, argilominerais do tipo 2:1 e cátions básicos trocáveis em maior quantidade (Lepsch, 2011, p. 283).

Gráfico 5.1 - Variação de teores totais médios de alguns dos principais compostos do solo de acordo com o clima[1]

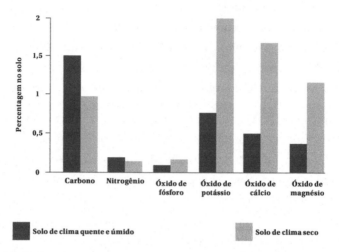

[1] Solos de climas mais secos têm, em média, maiores teores totais de bases (cálcio, potássio, magnésio etc.) que os de clima quente e úmido.

Fonte: Elaborado com base em Lepsch, 2011, p. 282.

Sob condições de clima quente e muito úmido, a grande quantidade de chuva implica que maiores volumes de água se infiltrem para o solo, levando consigo, para o nível freático e os cursos d'água, muitos dos nutrientes que neles se encontravam em solução. Com a ausência desses nutrientes – que são, principalmente, cátions trocáveis, como Ca^{2+}, K^+ e Mg^{2+} – ocorre um aumento da concentração de cátions hidrogênio (H^+) livres, o que confere acidez ao solo. Por esse motivo, como esclarece Lepsch (2002), a maior parte dos solos das regiões úmidas é ácida, ao passo que em regiões áridas e semiáridas eles são predominantemente neutros ou alcalinos.

O clima é o fator de formação dos solos que tem maior influência também no teor de matéria orgânica e de nitrogênio (N) na reação (pH) e na saturação por bases do solo. Também tem efeito significativo na profundidade do solo e na sua textura, além de ser um dos fatores que alteram o tipo de argilomineral. O teor de matéria orgânica aumenta e o de N diminui com a redução da temperatura e o aumento das chuvas que atuam no crescimento vegetal. O Gráfico 5.2 exemplifica a relação entre o teor de carbono orgânico (C) e a temperatura média anual do ar em uma sequência de solos no planalto do Rio Grande do Sul.

Gráfico 5.2 – Relação entre o teor de carbono orgânico e a temperatura média anual do ar no Rio Grande do Sul

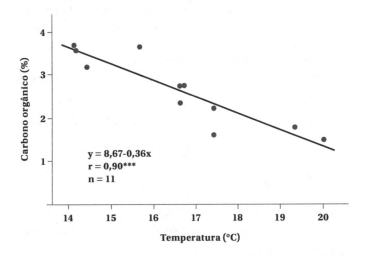

Fonte: Elaborado com base em Kämpf, 1981.

Além dos processos vinculados ao regime de águas, sobre os quais versamos na maior parte desta seção, é necessário salientar a importância do vento como agente de transporte de materiais em suspensão (poeiras e aerossóis), com capacidade para deslocar partículas suspensas na atmosfera por longas distâncias. Assim, aerossóis de sais marinhos, por exemplo, podem ser distribuídos do litoral para o interior dos continentes. Em muitas áreas litorâneas, o contínuo e elevado suprimento de sódio (Na) pelas chuvas aumenta a dispersão dos argilominerais, facilitando sua eluviação (transporte de material suspenso no interior do solo) e resultando na formação de horizontes argílicos (Muhs, 1982).

5.3.1.2 Fator relevo

As diferenças de cor e textura associadas ao relevo resultam da distribuição desigual de fatores como a água da chuva e outros agentes erosivos, a luminosidade e o calor solar etc. Em termos geomorfológicos, o relevo é uma área da superfície terrestre que apresenta variados graus de declividade, a qual, segundo Ruhe e Walker (1968), pode ser caracterizada com base em três aspectos:

1. gradiente (inclinação em relação à horizontal);
2. perfil (distribuição ao longo do gradiente, evidenciada pela linha de interseção com um plano de corte vertical);
3. contorno (distribuição normal ao comprimento da vertente).

O relevo, portanto, é a configuração da superfície de um terreno, as formas que constroem uma paisagem, as quais são determinadas principalmente pela estrutura geológica (tectônica) e pelo clima (intemperismo). A relação entre o solo e a paisagem de uma área ou região é muito útil para a compreensão da formação do solo local.

Já mencionamos que a água é o principal agente intemperizante no que diz respeito à formação do solo. Sua ação intemperizante, porém, depende do seu tempo de permanência em contato com o rególito e, portanto, da sua velocidade de escoamento. Esses dois fatores estão diretamente ligados ao relevo. É ele que regula não apenas a velocidade, mas também a direção do escoamento das águas pluviais. Consequentemente, é ele, também, que controla o volume de água que age sobre as rochas e os saprólitos, assim como a lixiviação de componentes solúveis e o transporte dos sedimentos resultantes da ação intemperizante para as áreas de mais baixa altitude.

Relevos do tipo *platô*, de topo plano ou quase plano, por exemplo, favorecem a infiltração e o maior tempo de ação da água em profundidade (uma característica que é acentuada em terrenos de boa drenagem, que facilitam a penetração da água). Isso tem como resultado, segundo Lepsch (2011, p. 81), "a formação de um perfil de alteração muito profundo e bastante intemperizado, onde a sílica será removida de forma que os minerais secundários aí formados tendem a ser óxidos de ferro e alumínio."

Nas paisagens em que abundam encostas mais íngremes, ao contrário, a tendência é o perfil não se aprofundar, pois a maior parte do material desagregado das rochas é transportado pela erosão. É possível, contudo, que nas áreas de inclinação menos acentuada, uma fração da água que escoa pelas encostas infiltre-se no solo e transporte para a subsuperfície parte dos produtos solubilizados – Na^+, K^+, Ca^{2+}, Mg^{2+}, Fe^{2+} e ácido silicílico ($Si(OH)_4$) (Lepsch, 2011).

Nas áreas baixas do relevo, por fim, o tempo de permanência da água em contato com o rególito é bem maior. Trata-se, no entanto, de águas já saturadas pelos componentes solúveis transportados das encostas, cuja capacidade de ocasionar reações químicas com potencial de promover alterações consistentes dos minerais encontra-se bastante diminuída. Por outro lado, tal aspecto favorece a síntese de novos compostos a partir dos solutos. De acordo com Lepsch (2011, p. 81), é frequente, em tais circunstâncias, a formação de argilas do tipo 2:1, e também a oxidação de íons ferrosos (Fe^{2+}) em férricos (Fe^{3+}), com a consequente produção de óxidos de ferro minerais, como a goethita.

5.3.1.3 Fator organismos

Também os organismos que vivem no solo e, portanto, agem sobre ele exercem um papel determinante para a diferenciação dos seus perfis. Tais organismos podem ser genericamente classificados em quatro grupos:

1. microrganismos (microflora e microfauna);
2. vegetais superiores (macroflora);
3. animais (macrofauna);
4. seres humanos.

O principal papel exercido pelos microrganismos – entre os quais incluem-se algas, bactérias e fungos – na formação dos solos está ligado à sua atividade saprofítica, ou seja, ao fato de obterem nutrientes a partir da decomposição de vegetais e animais mortos, participando na formação do húmus que se acumula nos horizontes superficiais.

Mesmo em estágios iniciais, antes de haver propriamente uma gênese do solo, líquens e musgos povoam as rochas e delas extraem, por contato direto, elementos que servem como nutrientes em seus processos metabólicos, produzindo alterações que, embora incipientes, posteriormente proporcionam meios para o desenvolvimento e a subsistência de outros organismos colonizadores. Trata-se do início mais primevo de um processo que culminam na formação de um substrato (solo) capaz de sustentar espécies vegetais superiores. Parte desses nutrientes retorna ao solo por meio de resíduos orgânicos da decomposição de folhas, galhos, raízes, etc. Nas fases mais avançadas da interação entre solo e planta, os resíduos orgânicos de origem vegetal são também metabolizados pela fauna. Esta é capaz de liberar ácidos orgânicos e diversos compostos metabólicos, que favorecem a dissolução de minerais (intemperismo bioquímico), a complexação de elementos químicos e a formação de agregados estruturais, processos esses que contribuem para o desenvolvimento do solo.

Animais que vivem na terra, como formigas, cupins e vermes (anelídeos), trituram restos vegetais, cavam galerias e misturam materiais provenientes dos diversos horizontes, causando modificações mais ou menos consistentes. Esse tipo de ação promovida pela fauna terrícola é chamada de *bioturbação do solo*.

Além disso, as carcaças e dejetos de origem animal somam-se à matéria de origem vegetal no processo de formação do húmus e dos agregados estruturais.

As intervenções efetuadas pelo homem, denominadas *fator antrópico*, impõem alterações muito mais dramáticas e rápidas (por vezes quase imediatas) à estrutura e à composição dos solos. Características adquiridas por um solo ao longo de milhares de anos podem, em pouquíssimo tempo, ser radicalmente modificadas pelas atividades humanas: remoção da vegetação natural, revolvimento do horizonte A (detalhado mais adiante), aração do solo e semeadura de diferentes cultivos, adição de corretivos e fertilizantes, irrigação, além de ações mais destrutivas, como o despejo de resíduos urbanos e industriais.

A compreensão das consequências que tais ações podem acarretar para a subsistência humana, porém, tem engendrado, atualmente, o desenvolvimento de sistemas de uso adequado e não predatório do solo, compatível com práticas de conservação.

Figura 5.2 – Ciclo de movimentação de nutrientes do solo para a biomassa florestal e desta para o solo

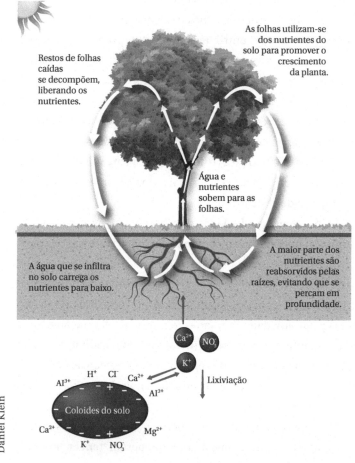

Fonte: Elaborado com base em Lepsch, 2011.

5.3.1.4 Fator material de origem

O conceito de material de origem do solo é impreciso. Para alguns autores, é o estado que antecede e dá origem ao solo como sistema, ao passo que, para outros, é o estado em que esse sistema se encontra no momento inicial de sua formação (Jenny, 1980). Jenny (1980) aponta o fato de que tal conceito esquiva-se a fazer qualquer referência específica ao material lítico situado abaixo das camadas de solo, podendo este ser o material de origem ou não.

Supõe-se que a rocha localizada a alguma profundidade seja idêntica à que anteriormente existia no espaço ora ocupado pelo perfil de um solo, uma vez que ela não foi alterada pelo intemperismo. Em outras palavras, o material de origem de um solo pode ser de mesma natureza, ou similar, à da rocha subjacente. Em outros casos, esse material pode ser o rególito proveniente da deposição, na superfície, de materiais intemperizados oriundos de outra rocha fonte, portanto, sem qualquer relação com a rocha subjacente. Exemplos deste último caso são os depósitos de material erodido das cotas mais altas de um relevo, que é transportado pela ação da gravidade ou pela água de escoamento, e depositado no sopé das encostas.

Como se pode facilmente concluir, existe uma grande variedade de materiais de origem dos solos, sejam eles **autóctones** – portanto, idênticos às rochas a que se sobrepõem – ou **alóctones** – constituídos por materiais diferentes da rocha soto-posta. Contudo, é possível agrupar tais materiais em quatro categorias (Lepsch, 2011):

1. **Materiais derivados diretamente de rochas** – Formados pela consolidação de material vulcânico (magma), pelo metamorfismo deste material ou de rochas sedimentares. As rochas em questão podem ser claras (ácidas e ricas em quartzo, como o granito e os gnaisses) ou escuras (básicas, pobres em sílica, como os basaltos).

2. **Materiais derivados de rochas sedimentares consolidadas (arenitos, ardósias, siltitos, argilitos e rochas calcárias)** – Formam-se por deposição e solidificação de sedimentos.
3. **Sedimentos inconsolidados mais recentes** – Formam-se pela deposição de sedimentos em épocas relativamente recentes, do Período Quaternário, tais como aluviões recentes, sedimentos eólicos (dunas de areia estabilizadas), cinzas vulcânicas, sedimentos glaciais (*loess*), colúvios e depósitos orgânicos (ou turfeiras).
4. **Sedimentos inconsolidados mais antigos** – Têm oirigem nos períodos Quaternário e Terciário. São pseudoautóctones (pedissedimentos).

A natureza do material de origem pode determinar muitas das características importantes do solo[ii], como sua textura, seu teor de argila ou de sedimentos, sua acidez, suas propriedades químicas etc.

Cabe ao pedólogo inferir, em cada situação particular, qual é o material de origem mais provável do solo.

5.3.1.5 Fator tempo

Conforme Buol et al. (1997), a relação dos solos com o tempo pode ser compreendida com base nos seguintes aspectos: estágio relativo do desenvolvimento do solo; datação absoluta de horizontes e perfis de solos; e taxa de formação do solo. Examinemos pormenorizadamente cada um deles:

» **Estimativa do estágio relativo de desenvolvimento do solo** – De acordo com Kämpf e Curi (2012, p. 237),

---

ii. Confira a Figura H, na seção "Anexos".

baseia-se nas feições morfológicas presentes no perfil de solo, por exemplo: solo jovem (perfis AR, AC), solo intermediário (perfil com horizonte Bi, Bv, Bk) e solo maduro (perfil ABC). Assim, uma estimativa da idade relativa progressiva pode ser exemplificada pela sequência: <u>Neossolos</u> Litólicos → Cambissolos, <u>Gleissolos</u>, Vertissolos → Chernossolos, Luvissolos → Argissolos, Nitossolos, Latossolos.

» **Datação absoluta** – Toma como base os métodos radiométricos (^{14}C etc.). Como ocorre com a datação de rochas, da qual tratamos no Capítulo 2, permite estimar a idade dos solos e paisagens. Na região da Campanha no Rio Grande do Sul, por exemplo, a datação de fósseis soterrados indica idades inferiores a 20 mil anos para os chernossolos e os vertissolos locais (Bombin; Klamt, 1975).

» **Taxa de formação (velocidade) do solo** – Utiliza-se essa estimativa para orientar o manejo do solo para uso agrícola, uma vez que, por meio dela, é possível determinar as perdas admissíveis de solo por erosão. Uma estimativa proposta por Wakatsuki e Rasydin (1992), tomando por base um balanço geoquímico de rochas, solos e águas, apontou taxas de formação de solo que variam entre 370 e 1.290 kg/ha ao ano. Isso indica que seriam necessários cerca de 8 anos para a formação de uma camada de 1 mm/ha de solo.

Kämpf e Curi (2012, p. 240) alertam que "considerando-se o longo tempo para formar um solo e que o processo erosivo de uma única chuva pode acarretar uma perda equivalente a vários centímetros de espessura, é necessário manejar esse recurso natural com extremo cuidado".

De acordo com Lepsch (2011), quando a rocha exposta à atmosfera intemperiza com as novas condições (presença de organismos vivos e clima), os vegetais e os microrganismos começam a se estabelecer em seguida, alimentando-se da água armazenada e dos nutrientes liberados pela decomposição dos minerais. Com o tempo, ocorrem o surgimento as argilas e a remoção desses materiais, bem como dos sais minerais e a adição de húmus. Tais transformações ocorrem para que um estado de equilíbrio seja atingido. Quando isso acontece, os solos tornam-se espessos e com horizontes bem definidos, sendo denominados *bem desenvolvidos*, *normais* ou *maduros*, comparando-se ao início da sua formação, quando são rasos, delgados e sem horizontes bem definidos – ou seja, *pouco desenvolvidos* ou *jovens*[iii].

5.3.2 Processos pedogenéticos

A interação entre os diversos fatores de formação do solo referidos na seção anterior desencadeia processos formadores ou pedogenéticos, os quais determinam as feições morfológicas e a composição do solo que irá se formar (Kämpf; Curi, 2012). A condição primeira para a constituição do solo, segundo Kämpf e Curi (2012, p. 240),

> é estabelecida pelas características do material de origem, enquanto os fatores clima e organismos, ambos representando a adição de energia que impulsiona o desenvolvimento do solo, têm sua ação alterada pelo relevo local. Assim, diferentes combinações dos fatores ambientais direcionam processos que atuam no substrato geológico ou no solo

---

iii. Confira os estágios de maturidade do solo na Figura I, na seção "Anexos".

preexistente, acontecendo modificações pedogenéticas que abrangem desde escalas microscópicas até bacias hidrográficas.

Como resultado desses processos, forma-se um solo a partir de um conjunto de diferentes horizontes e composições.

Os processos pedogenéticos, de modo geral, enquadram-se em dois modelos principais: o dos processos específicos e o dos processos múltiplos, que, por sua vez, agrega os processos específicos em quatro categorias gerais (Kämpf; Curi, 2012, p. 241): adições, remoções, translocações e transformações. Ambos os modelos fundamentam-se na ideia de que as propriedades do solo gerado são resultantes do efeito a longo prazo dos processos envolvidos sobre um sistema aberto a trocas de matéria e energia com o ambiente.

Os **processos pedogenéticos específicos** (PPEs) determinam características manifestadas por diferentes tipos de solos, as quais derivam de processos ou reações condicionadas por fatores ambientais (Fanning; Fanning, 1989). Entre os mais relevantes desses processos, Kämpf e Curi (2012) elencam:

- melanização;
- leucinização;
- pedalização;
- silicificação;
- ferralitização;
- plintilização;
- laterização;
- lessivagem (eluviação-iluviação);
- podzolização;
- gleização (redoximorfismo);
- salinização;

» solificação;
» ferrólise;
» carbonatação (calcificação);
» sulfurização (tiomorfismo);
» paludização;
» pedoturbação.

A ação humana sobre a formação do solo, que se manifesta em termos de **processos antropogênicos** (também denominados *antrossolização*) pode, igualmente, ser considerada um PPE. Os solos gerados em decorrência dela são denominados *antrossolos* ou *tecnossolos* (solos tecnogênicos). Exemplos destes são as chamadas *terras pretas de índios*, ricas em carbono, associadas a antigas ocupações indígenas na região amazônica, e os denominados *sambaquis*, sítios arqueológicos formados por deposição de conchas e ossos de pequenos animais.

Quanto ao modelo dos **processos pedogenéticos múltiplos** (PPMs), também denominado *modelo de Simonson*, (Figura 5.4), engloba alterações locais ocorridas em um solo em consequência de processos de adição, perda, transformação e translocação de materiais. Em outros termos, diferentemente do modelo compreendido pelos PPEs, ele se concentra mais nos processos que nos fatores que os determinam. Tais processos, segundo Kämpf e Curi (2012), interagem de formas diferentes, a depender da profundidade em relação à superfície do solo e da combinação de fatores ambientais que atuam em determinado local, de modo que o perfil do solo obtido expressa um "balanço entre adições, perdas, redistribuição interna e de alterações químicas e físicas" (Kämpf; Curi, 2012, p. 241).

Figura 5.3 - Representação esquemática dos processos pedogenéticos segundo o modelo de Simonson (1959)

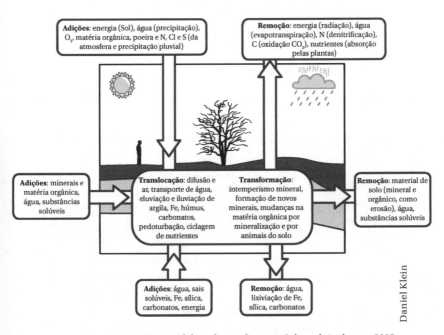

Fonte: Elaborado com base em Schaetzl; Anderson, 2005.

Como decorrência do enfoque dirigido prioritariamente aos processos que esse modelo adota, os PPMs são usualmente identificados por termos descritivos. Entre eles, podemos destacar:

» acumulação de matéria orgânica;
» formação de estrutura do solo;
» acumulação de sais solúveis e gipsita;
» acumulação de carbonato de cálcio ($CaCO_3$);

- » acumulação de sílica opalina;
- » redistribuição de argila;
- » complexação e redistribuição de ferro e alumínio;
- » lixiviação de silício;
- » concentração de óxidos resistentes;
- » redução microbiana.

Esses processos estão exemplificados no Quadro 5.2.

Quadro 5.1 - Exemplos de processos pedogenéticos múltiplos segundo o modelo de Simonson (1959)

Processos pedogenéticos múltiplos	Exemplo
Adições	Ação de plantas e microrganismos via processos de fixação biológica, com adição de C e N da atmosfera ao rególito e desenvolvimento inicial do solo. Crescimento e desenvolvimento de plantas geram resíduos orgânicos que suportam os microrganismos do solo, que utilizam C e N para suas necessidades protoplásmicas e oxidam a matéria orgânica para a obtenção de energia. Os resíduos desses processos acumulam-se como matéria orgânica do solo. Solutos e matéria particulada podem ser adicionados ao solo diretamente da atmosfera ou movidos de posições mais elevadas na paisagem.

continua

Quadro 5.1 – conclusão

Processos pedogenéticos múltiplos	Exemplo
Perdas	Solos perdem material da superfície por erosão (hídrica ou eólica) e internamente por lixiviação de componentes solubilizados (Na^+, K^+, Ca^{2+}, Mg^{2+}, H_4SiO_4, HCO_3^-, NO^{3-} etc.) e coloides (argila, matéria orgânica) pelas águas de percolação.
Transformações	O material orgânico adicionado ao solo é modificado pela atividade microbiana resultando na acumulação dessa matéria. O intemperismo de minerais primários fornece nutrientes para a atividade biológica e materiais para a formação de minerais secundários.
Translocações	Coloides na forma de material orgânico de baixo peso molecular, argila fina e constituintes dissolvidos são movidos pela água no solo e depositados em outro local. Formam-se zonas de perda (horizontes E) e de acumulação de coloides (horizontes Bt, Bhs, sais).

Fonte: Elaborado com base em Kämpf e Curi, 2012, p. 242.

Conhecer os processos pedogenéticos é fundamental para o estudo das feições do solo, pois são eles que fornecem modelos úteis para sua identificação no campo e organização da classificação de solos. Os processos pedogenéticos estão resumidos no Quadro 5.2.

Quadro 5.2 – Processos pedogenéticos

PPE[A]	Subprocesso ou reação	PPM[B, C]	Atos de operação	Classe de solo e propriedades diagnósticas associadas[D]
Melanização	Complexação	1, 3	Escurecimento de material mineral por mistura com material orgânico, produzindo horizonte A espesso ou horizonte B escurecido.	Chernossolos, caráter ebânico, horizontes A chermozênico e A proeminente.
Leucinização	Oxidação da matéria orgânica, erosão	2, 3	Empalidecimento de horizontes por desaparecimento de material orgânico por remoção ou transformação.	Horizontes A fraco e A moderado, E álbico, horizontes Ap e E.
Pedalização	Expansão e contração	1, 3, 4	Formação de agregados estruturais (*peds*) no material de origem e no solo.	Agregados estruturais.
Silicificação	Solubilização e precipitação de Si	3, 4	Migração e acumulação de sílica secundária produzindo cimentação de *peds* ou da matriz do solo.	Duripã, fragipã, horizonte B coeso, caráter coeso.
Dessilicação	Liberação e lixiviação de Si	3, 4	Liberação e remoção parcial a total de sílica do solo.	Todas as classes de solos minerais.
Brunificação, rubeificação, ferruginização	Liberação e oxidação de Fe	3, 4	Liberação de Fe^{2+} de minerais primários, oxidação e dispersão de óxidos de ferro, conferindo colorações brunadas, bruno-avermelhadas e vermelhas à matriz do solo.	Horizontes B de argissolos, cambissolos, chernossolos, luvissolos, latossolos e nitossolos.

continua

(Quadro 5.2 – continuação)

PPE[A]	Subprocesso ou reação	PPM[B, C]	Atos de operação	Classe de solo e propriedades diagnósticas associadas[D]
Ferralitização	Dessilicação, oxidação	2, 3, 4	Remoção de sílica do solo, formação de caulinita e concentração de óxidos de Fe e de Al, com ou sem formação de petroplintita (ou laterita) e concreções.	Latossolos, nitossolos, horizonte B latossólico, horizonte B nítico, caráter ácrico.
Plintitização e laterização	Redução; oxidação, Fe^{2+}, E^{3+}, acumulação e concentração de Fe	3, 4	Translocação de Fe na forma reduzida e sua precipitação por oxidação produzindo plintita e acumulações macias localizadas de óxidos de ferro (cor vermelha ou brunada). A plintita está sujeita a eventual endurecimento irreversível (cimentação) através de ciclos de secamento e umedecimento (petroplintita). camadas cimentadas extensivas são conhecidas como *lateritas* ou *ferricretes*.	Plintossolos, plintossolos pétricos, horizonte plíntico, horizonte litoplíntico, petroplintita (ferricrete, couraça, laterita).
Lessivagem ou argiluviação	Eluviação, iluviação	3	Migração de partículas finas (argila) dos horizontes A e E (eluviais) para o B (iluvial), produzindo horizontes Bt.	Argissolos, luvissolos, horizonte B textural, argilas, horizonte E álbico, horizonte B plânico, lamelas.

183

(Quadro 5.2 – conclusão)

PPE[A]	Subprocesso ou reação	PPM[B, C]	Atos de operação	Classe de solo e propriedades diagnósticas associadas[D]
Elutriação	Erosão seletiva	2	Remoção de material fino (argila, silte fino) do horizonte superficial por escoamento superficial, produzindo gradiente textural no solo.	Gradiente textural, horizonte B textural.
Pedolização	Complexação	3, 4	Migração de Al e Fe complexados e, ou, material orgânico produzindo horizonte eluvial (E) com concentração de quartzo e secundariamente de sílica e horizonte iluvial (Bsh) com acumulação de Fe, Al e material orgânico.	Espodossolos, horizonte B espódico, ortstein.
Gleização	Redução Fe^{3+} o Fe^{2+}	2, 3, 4	Redução do Fe sob condições anaeróbicas, produzindo matriz de cores cinzentas (azuladas a esverdeadas), com ou sem mosqueados ou concreções de Fe e Mn.	Gleissolos, planossolos, horizonte glei.

Fonte: Elaborado com base em Buol et al., 1973, p. 276.

[A] Processos pedogenéticos específicos.
[B] Processos pedogenéticos múltiplos.
[C] 1 = adição; 2 = perda; 3 = transformação; 4 = translocação.
[D] Conforme Embrapa (2006).

5.3.3 Perfil do solo

Os fenômenos e processos que atuam na formação dos solos resultam numa estrutura distribuída em camadas horizontais, as quais tornam-se mais diferenciadas em relação à rocha-mãe quanto mais distantes se encontram dela. É possível observar essas camadas em locais onde o solo exposto exibe seus perfis, como acontece em cortes de estradas, trincheiras e outras obras humanas que implicam escavações. Em locais como esses, fica evidente que o perfil do solo é composto por seções aproximadamente paralelas à superfície, que diferem entre si no tocante a suas propriedades morfológicas, físicas, químicas, mineralógicas e biológicas. Não obstante, tais camadas necessariamente apresentam relação pedogenética entre si; caso contrário, resultam de simples processos de deposição de sedimentos e materiais de natureza diferente.

A descrição mais frequente do perfil de solos é a que apresenta quatro tipos de horizontes. Neste livro, adotaremos uma relação um pouco mais completa, com base em Ker et al. (2012).

Os horizontes podem ser separados em *superficiais* e *subsuperficiais*, conforme a posição que ocupam no perfil. Excepcionalmente, horizontes subsuperficiais podem aflorar à superfície, mas isso só ocorre quando o horizonte superficial é removido.

A nomenclatura adotada no Brasil para designar os horizontes do solo segue, em linhas gerais, o esquema proposto por Dokuchaev (1967), em que os sucessivos horizontes e camadas do solo são designados pelas letras maiúsculas O, H, A, E, B, C, F e R, como demonstrado no Quadro 5.3.

Quadro 5.3 – Nomenclatura e características dos horizontes e camadas principais dos solos

Designação	Características
O	Horizonte ou camada superficial orgânica dos solos minerais. Tem constituição predominantemente orgânica e é resultado da acumulação de detritos vegetais, sob condições de drenagem livre. Ocorre sob vegetação florestal, sendo geralmente denominado *liteira* ou *serrapilheira*, podendo apresentar diversos graus de decomposição. O horizonte **O** somente existe em condições naturais, pois é incorporado ao horizonte **A** pelo cultivo ou destruído pela prática da queima.
H	Horizonte ou camada, superficial ou não, de constituição predominantemente orgânica, composto de resíduos vegetais acumulados ou em acumulação, sob condições de prolongada estagnação de água. Consiste em camadas ou horizontes orgânicos superficiais ou soterrados por material mineral, em vários estágios de decomposição, acumulados em condições palustres e relacionados com solos orgânicos e outros solos hidromórficos.
A	Horizonte mineral, superficial, cuja característica principal é o acúmulo de matéria orgânica humificada, intimamente associada à fração mineral. O horizonte **A** pode ser precedido por uma camada ou horizonte O e sofrer alterações em virtude do cultivo, sendo, nesse caso, designado de ***Ap***. Quando bem desenvolvido, o horizonte **A** tem suas características influenciadas pela matéria orgânica, apresentando cor escura e estrutura granular. Nas regiões semiáridas, esse horizonte pode, entretanto, apresentar cor clara, baixo teor de matéria orgânica e estrutura fracamente desenvolvida ou maciça, sendo reconhecido quase exclusivamente por sua posição superficial.

continua

(Quadro 5.3 – continuação)

Designação	Características
E	Horizonte mineral eluvial, cuja característica principal é a perda de argila, matéria orgânica e compostos de ferro e alumínio, resultando na concentração residual de areia e silte, constituídos de quartzo e outros minerais primários resistentes ao intemperismo. O horizonte E ocorre subjacente a um horizonte A ou O e sobrejacente a um horizonte B. Apresenta, caracteristicamente, cor mais clara que a dos horizontes A e B adjacentes, podendo também apresentar textura mais arenosa, menor teor de matéria orgânica ou combinações dessas propriedades. Em casos raros, o horizonte E pode ocorrer na superfície, pela inexpressiva incorporação de matéria orgânica ou por truncamento do perfil.
B	Horizonte mineral subsuperficial, subjacente a um horizonte A, E ou O, resultante da atuação de processos pedogenéticos que foram capazes de alterar total ou quase totalmente a estrutura original da rocha. Em consequência, ocorre o desenvolvimento de cor e a formação de estrutura em blocos, prismática, colunar ou granular, podendo ou não ocorrer a produção e concentração residual de óxidos (**Bw**) ou acumulação iluvial de argilas (**Bt**) de matéria orgânica e sesquióxidos de Fe e Al (**Bh**, **Bs** e **Bhs**), isoladamente ou em combinações. A acumulação de argila também pode ser resultante de outros processos, como formação de argila *in situ*, destruição de argila no horizonte A ou perda por erosão diferencial. O horizonte B é o de máximo desenvolvimento do perfil, no que se refere a cor e estrutura, e só ocorre na superfície em consequência da remoção dos horizontes superficiais por erosão.

(Quadro 5.3 – conclusão)

Designação	Características
C	Horizonte ou camada mineral não consolidada, subjacente aos horizontes A ou B, relativamente pouco alterada pelos processos pedogenéticos, geralmente rica em minerais primários, podendo ou não corresponder ao material de origem do solo. Não apresenta propriedades diagnósticas de nenhum dos horizontes principais, podendo ser muito semelhante (**Cr**) ou distinto em relação à rocha do embasamento e apresentar algumas propriedades resultantes de processos pedogenéticos, como desenvolvimento do fragipã (**Cx**), duripã (**Cm**), gleização (**Cg**), acumulação de carbonato de cálcio (**Ck**), soeção de Na (**Cn**) e salinização (**Cz**). Quando o material de origem do solo é formado por materiais sedimentares não consolidados, como sedimentos arenosos ou sedimentos aluviais, os solos apresentam um horizonte superficial A, seguido de camadas que são designadas de C (**A, C1, C2** etc.). Quando estas camadas apresentam natureza diversificada, como nos sedimentos aluviais, o símbolo C da camada deve ser precedido por um número arábico, indicando a mudança da natureza do material (**A, 2C1, 3C2** etc.).
F	Horizonte ou camada de material mineral superficial ou subsuperficial consolidada, rica em Fe e/ou Al e pobre em matéria orgânica. Pode ocorrer em qualquer posição do perfil, em sequência a horizontes **A, E** ou **B**, ou mesmo na superfície, seguida de um horizonte **C**. Corresponde aos materiais antes chamados de *crosta laterítica*.
R	Camada mineral de material consolidado, coeso o suficiente para, quando úmido, não ser cortado com uma pá reta, e formando um substrato rochoso contínuo ou fragmentado, perfazendo mais de 90% do volume da camada.

Fonte: Elaborado com base em Lepsch, 2011.

Os processos envolvidos na formação dos horizontes e as características especiais neles presentes são indicados pelo acréscimo de letras minúsculas às maiúsculas que indicam o horizonte propriamente dito (Por exemplo, Bt, para acumulação de argila; Ck para presença expressiva de carbonatos etc.). Quando um horizonte é subdividido, os sub-horizontes resultantes são indicados pelo acréscimo de números arábicos após as letras (Bt1, Bt2 etc.).

Horizontes que apresentam características comuns a mais de um horizonte principal são denominados *transicionais*. Sua designação, por esse motivo, é feita por meio de duas letras maiúsculas que representam os horizontes principais envolvidos na sua caracterização (AB, BA, EB, BE, BC, CB etc.). Nesse caso, a primeira letra indica o horizonte cujas características são predominantes (confira a Figura J, na seção "Anexos").

5.3.4 Morfologia do solo

A morfologia, em pedologia, é o ramo que estuda a aparência do solo no meio ambiente natural (*in loco*), com base nas suas características perceptíveis a olho nu: cor, textura, estrutura, consistência e espessura dos horizontes. Tratam-se de aspectos tão importantes para a caracterização do solo quanto as análises químicas, físicas e mineralógicas, qualitativas e quantitativas, realizadas em laboratório.

A seguir, apresentamos mais detalhadamente cada uma dessas características.

5.3.4.1 Cor

Muitos pedólogos consideram a coloração uma das propriedades morfológicas mais relevantes para a classificação dos solos[iv]. Algo

---

[iv] Para saber mais sobre a classificação dos solos, consulte a Seção "Apêndices".

que revela a importância dessa propriedade é o fato de grande parte das denominações populares atribuídas a tipos específicos de solos referirem-se às suas colorações (por exemplo: a *terra roxa*, denominação derivada do termo italiano *rosso*, que significa "vermelho"; as *terras pretas de índios*, já mencionadas etc.). Não somente os nomes populares, mas também muitas denominações propostas pelo sistema de classificação pedológica oficial adotada atualmente remetem à propriedade cor – por exemplo, o nome *chernossolo* vem do vocábulo russo *chern*, que significa "escuro".

As cores observadas nos solos resultam da presença ou ausência de compostos orgânicos ou inorgânicos com determinadas propriedades organolépticas. Os agentes corantes que ocorrem com mais frequência nos solos são os compostos de ferro (responsáveis, por exemplo, pela coloração avermelhada de alguns solos) e a matéria orgânica. Em casos menos frequentes, a coloração do solo pode ser conferida por carbonatos e outros sais. Geralmente esses compostos agem como pigmentos que tingem um substrato de cor branca, que na maioria das vezes é formado por silicatos.

Tonalidades escuras (preto) devem-se costumeiramente à presença de matéria orgânica em teores relativamente elevados, embora também possam estar associadas a outras substâncias, como os compostos de manganês, alguns óxidos de ferro, como a magnetita, ou algumas argilas escuras. Padrões dendríticos nessa coloração indicam a presença de compostos de manganês e sugerem drenagem deficiente ou baixa permeabilidade do solo. Por outro lado, cores vermelhas, que se devem majoritariamente à presença de óxidos de ferro livres, como a hematita (Fe_2O_3), evidenciam boas condições de drenagem.

As cores amareladas indicam a presença de outro mineral rico em ferro, a goethita (FeOOH), e a provável ausência de hematita. Também indicam boas condições de drenagem, mas são mais frequentes em regiões de clima úmido sem a ocorrência sazonal de secas pronunciadas.

O ferro em forma reduzida – Fe (II) – que confere cores acinzentadas aos solos nos quais está presente, geralmente encontra-se associado a ambientes mal drenados e sujeitos a hidromorfismo pronunciado.

A cor branca em um solo pode ser indicativa da presença de carbonatos, sais solúveis, quartzo e outros minerais primários.

Nem sempre, porém, a coloração de um solo reflete diretamente os elementos que entram na sua composição, pois a pigmentação depende também da presença e dos teores de outros agentes. Um exemplo que ilustra esse aspecto é o dos solos hematíticos: sua coloração, geralmente avermelhada, tem pouca influência do teor considerável de matéria orgânica que contém, o qual, por sua vez, depende da natureza e do grau de decomposição.

Nos solos de textura mais arenosa, a quantidade de agente pigmentante é geralmente bem menor do que em solos argilosos (Ker et al., 2012).

Para que possa ser tomada como critério objetivo de identificação de um solo e índice de suas características, é necessário que a descrição da sua cor seja feita com base em uma escala padronizada. O padrão mais frequentemente utilizado com esse propósito é a *tabela de Münsell*, constituída de 170 pequenos retângulos de colorações diversas, distribuídos sistematicamente num livro de folhas destacáveis. A determinação da cor do solo em estudo resulta da comparação de uma amostra de determinado horizonte com esses retângulos. Quando o pesquisador reconhece a coloração que mais se aproxima à do fragmento ou torrão coletado, anota os três elementos básicos constituintes da cor em questão (Lepsch, 2002, p. 26):

» **Matiz** – cor "pura" ou fundamental de arco-íris, determinada pelos comprimentos de onda da luz, que é refletida na amostra (por exemplo, vermelho, amarelo etc.).

» **Valor** – medida do grau de claridade da luz ou tons de cinza presentes (entre branco e preto) variando de 0 (para o preto absoluto) a 10 (para o branco puro).

» **Croma** – proporção da mistura da cor fundamental com a tonalidade de cinza, também variando de 0 a 10.

Os matizes obtidos variam entre os designados pelas letras R (de *red*), que indica 100% da coloração vermelha, e Y (de *yellow*), que identifica 100% de amarelo, ou, ainda, YR (de *yellow-red*, "amarelo-vermelho"), que se refere a uma mistura de 50% de cada uma dessas cores.

A notação é constituída de letras seguidas de números separados por uma barra, como no seguinte exemplo fornecido por Lepsch (2002):

> 10R ¾ = vermelho escuro

De acordo com esse sistema de notação, 10R refere-se ao matiz indicador da cor fundamental vermelha, e ¾ indica que esse vermelho tem valor 3 (cinza composto de 3 partes de preto e 7 de branco) e croma 4 (o cinza contribui em 6 partes e o vermelho, em 4 partes).[v]

---

v. Para visualizar a representação do círculo de matizes e o matiz 10YR, veja as Figuras M e N da seção "Anexos".

São comuns solos que apresentam horizontes nos quais aparece mais de uma cor. Nesses casos, quando há uma cor predominante ou de fundo, ela é denominada *matriz*, enquanto as que ocorrem em menor proporção são consideradas um *mosqueado*. Quando, porém, a cor do horizonte resulta de uma mistura de duas cores ou mais, sem que seja possível discernir qual delas é a dominante, diz-se que há uma *coloração variegada*.

Na descrição do mosqueado, entram em jogo tanto a cor quanto sua distribuição ou arranjamento. Nesse caso, deve-se observar a quantidade de manchas presentes, assim como o seu tamanho e o contraste delas em relação à matriz.

A quantidade de manchas de um mosqueado pode ser classificada como:

» **Pouca** – A área total das manchas não ocupa mais de 2% da superfície do horizonte.
» **Comum** – A área total varia de 2 a 20% da superfície horizontal.
» **Abundante** – A área total das manchas é de mais de 20% da superfície do horizonte.

Quanto ao tamanho, o mosqueado pode ser classificado em:

» **Pequeno** – O eixo maior é inferior a 5 mm.
» **Médio** – O eixo maior mede entre 5 e 15 mm.
» **Grande** – O eixo maior é superior a 15 mm.

Quanto ao contraste em relação ao fundo, os mosqueados podem ser:

» **Difusos** – Os mosqueados são quase imperceptíveis, sendo reconhecidos apenas com exame acurado. O matiz varia de uma a duas unidades, e o valor e o croma variam uma ou mais unidades.

» **Distintos** – Os mosqueados são facilmente distinguidos da cor de fundo. O matiz varia de uma a duas unidades, e o valor e o croma variam algumas unidades.

» **Proeminentes** – A diferença entre as cores da matriz do solo e do mosqueado é evidente e corresponde a várias unidades de matiz, valor e croma (Ker et al., 2012, p. 60).

Ocorre mosqueado no solo, na maior parte das vezes, em situações de drenagem restrita associada a solos com horizontes de baixa permeabilidade ou a áreas sujeitas a variações consideráveis no nível do lençol freático, como as que ocorrem em certas áreas de baixada ou de surgência, por exemplo.

5.3.4.2 Textura do solo

Se para a geologia, como afirmamos anteriormente, o termo *textura* refere-se ao tipo de arranjo dos cristais que compõem uma rocha, para a pedologia, esse termo refere-se à proporção relativa das frações areia, silte e argila presentes em uma amostra do solo.

Embora diversos sistemas de classificação textural tenham sido propostos ao longo do tempo, em termos gerais, a maioria deles baseia-se no comportamento físico-químico das partículas que integram o solo. No Brasil, o sistema mais adotado é a classificação modificada da escala de Atterberg, que adota como critério o diâmetro das partículas componentes do solo e define como limite de separação entre as frações silte e areia fina o diâmetro de 0,05 mm, em vez de 0,02 mm, como era originalmente estabelecido. A Tabela 5.1 relaciona as faixas de diâmetros que caracterizam cada fração granulométrica.

Tabela 5.1 - Limites de diâmetro médio das partículas das frações granulométricas

Fração	Diâmetro equivalente (mm)
Areia	2 – 0,05
Areia grossa	2 – 0,2
Areia fina	0,2 – 0,05
Silte	0,05 – 0,002
Argila	< 0,002

Fonte: Embrapa, 1979, citado por Ker et al., 2012, p. 62.

Em campo, a avaliação da textura baseia-se usualmente na sensação tátil, resultante da palpação de uma massa de solo homogênea e úmida, mas sem excesso de água. A areia provoca uma sensação de aspereza ao tato; o silte, de sedosidade; a argila, de pegajosidade. Com o devido treinamento, o avaliador é capaz de reconhecer as proporções aproximadas dessas frações granulométricas.

Alguns solos, porém, apresentam-se bem estruturados e floculados (latossolos ricos em óxidos de ferro); essa característica pode gerar equívocos na avaliação da textura, levando o avaliador a questionar os teores de argila. Grandes teores de matéria orgânica também podem dificultar a análise da textura, pois conferem certa sedosidade à amostra, de modo que o pesquisador pode ser levado a subestimar os teores de argila e superestimar os de silte.

Normalmente, um horizonte é constituído por uma combinação das três frações granulométricas básicas. Diferentes combinações definem classes de texturas distintas, as quais podem ser identificadas graficamente em diagramas triangulares (como o exposto na Figura 5.4), propostos como recursos destinados a padronizar a avaliação da textura do solo.

Figura 5.4 – Triângulo das classes texturais adotadas no Brasil

Fonte: Embrapa, 1995, citado por Ker et al., 2012, p. 63.

Nesses diagramas, as frações granulométricas são agrupadas em classes texturais, que representam diferentes proporções entre as frações básicas.

Embora as frações maiores de 2 mm, denominadas *frações grosseiras*, não sejam consideradas determinantes da textura do solo, elas são importantes para descrever a rochosidade e a pedregosidade do solo. Reconhecem-se três classes principais de frações grosseiras:

» cascalho (2 mm a 20 mm de diâmetro);
» calhau (20 mm a 200 mm de diâmetro);
» matacão (> 200 mm de diâmetro).

A ocorrência de cascalhos pode ser tomada como qualificativo da textura em descrições morfológicas, de modo que se distinguem as seguintes características texturais:

» muito cascalhenta (cascalhos > 50%);
» cascalhenta (cascalhos entre 15% e 50%);
» com cascalho (cascalhos entre 8% e 15%).

Com base nesses critérios, é possível obter as seguintes denominações: *textura argilosa cascalhenta, franco-argilo-arenosa muito cascalhenta* etc. (Ker et al., 2012).

A ocorrência de calhaus e matacões não pode ser omitida do registro de um exame do solo no campo. Na observação, o avaliador deve estar atento a essas frações grosseiras e levar em conta fatores como: quantidade, forma, grau de arredondamento e constituição mineralógica.

A textura é um dado bastante importante, pois está associada a muitas outras propriedades do solo (por exemplo, capacidade de troca de cátions, retenção, disponibilidade e movimento da água etc.) e também a diferentes comportamentos (expansibilidade e contractilidade, suscetilidade à erosão e à compactação etc.). Eis dois tipos de comportamento do solo ligado à textura:

» Solos arenosos apresentam alta velocidade de infiltração de água, mas, por serem dotados de uma baixa proporção de argila e matéria orgânica (agentes ligantes), têm baixa retenção e são suscetíveis ao arraste pelo escoamento superficial. Em razão da pouca coesão entre suas partículas, esses solos são propensos à erosão em sulcos (Gonçalves; Stape, 2002).
» Em solos argilosos, ao contrário, a velocidade de infiltração da água tende a ser menor, o que resulta em maiores enxurradas com potencial erosivo. Entretanto, em virtude da maior coesão e adesão de suas partículas, esses solos oferecem maior

resistência ao fluxo de enxurradas em relação aos solos arenosos. Quanto mais argiloso o solo, maior a tendência que a erosão seja do tipo laminar (Gonçalves; Stape, 2002).

A textura é uma das características mais difíceis de serem alteradas. Entretanto, o uso agrícola do solo, que implica seu revolvimento periódico, causa a destruição da estrutura original.

5.3.4.3 Estrutura do solo

A estrutura de um solo é resultado da agregação de suas partículas primárias (areia, silte e argila) em unidades estruturais cuja coesão se dá mediante superfícies de fraca resistência, ou que são desprovidas de conformação definida. Os agregados assim obtidos são unidades individualizáveis, cuja formação permite a reconfiguração do espaço poroso do solo, o que influencia algumas de suas propriedades, como: **aeração, infiltração, retenção e redistribuição de água** e **suscetibilidade à erosão**.

A classificação de estrutura do solo mais amplamente difundida é a adotada pelo *Soil Survey Manual*, a qual, por sua vez, propõe uma adaptação da classificação proposta por Nikiforoff (1941). Com base nela, podemos distinguir, quanto à sua forma ou tipo, as seguintes estruturas (Soil Survey Division Staff, 1993):

» **Granular ou esferoidal** – As unidades estruturais apresentam-se mais ou menos esféricas ou poliédricas, e são unidas por interfaces curvas ou muito irregulares. Dividem-se em dois subtipos:
  » **Granular** – São unidades estruturais pouco porosas, comuns nos horizontes superficiais e no horizonte Bw de alguns latossolos;
  » **Grumosa** – Quando as unidades estruturais são porosas; encontram-se em alguns horizontes A, ricos em matéria orgânica.

» **Em blocos** – As unidades estruturais apresentam as três dimensões aproximadamente iguais e não são esféricas, mas poliédricas. São muito comuns no horizonte B, em solos de textura média ou mais argilosa, principalmente argissolos, plintossolos, nitossolos e cambissolos e ocorrem também em horizontes A e C de alguns solos. Dividem-se em blocos angulares e blocos subangulares.
» **Prismática** – As unidades estruturais contam com uma dimensão vertical mais desenvolvida que as outras dimensões.
» **Laminar** – As dimensões horizontais dessas unidades são mais desenvolvidas do que a vertical, o que lhes confere aspecto de lâminas de espessura variável.
» **Paralelepipédica** – Refere-se a estruturas prismáticas ou blocos angulares grandes ou muito grandes, cujas unidades estruturais apresentam forma de paralelepípedo. Está relacionada à presença de argilas expansivas e superfícies de compressão.
» **Cuneiforme** – É um tipo de estrutura em blocos angulares, cujas unidades estruturais apresentam a forma de cunhas. Está relacionada à presença de argilas expansivas.

Figura 5.5 – Tipos mais frequentes de estrutura de solos

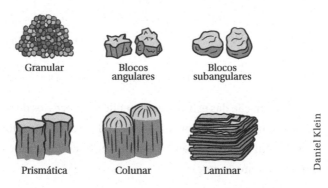

Fonte: Elaborado com base em Schoeneberger et al., 1998.

Alguns horizontes são desprovidos de agregação e suas partículas primárias encontram-se coesas, de modo que o solo não exibe unidades estruturais discerníveis.

Além da divisão referente à forma, as estruturas também são classificadas segundo seu tamanho. Nesse aspecto, elas podem ser:

» muito pequenas;
» pequenas;
» médias;
» grandes;
» muito grandes.

O Quadro 5.4 relaciona essas diferentes classes de tamanho aos tipos de estrutura mencionados anteriormente.

Quadro 5.4 - Classes de tamanho (mm) em relação ao tipo de estrutura

Classe	Tipo de estrutura			
	Granular	Em blocos	Prismática	Laminar
Muito pequena	< 1	< 5	< 10	< 1
Pequena	1 - 2	5 - 10	10 - 20	1 - 2
Média	2 - 5	10 - 20	20 - 50	2 - 5
Grande	5 - 10	20 - 50	50 - 100	5 - 10
Muito grande	> 10	> 50	> 100	> 10

Fonte: Elaborado com base em Ker et al., 2012, p. 67.

A formação das estruturas depende de processos de natureza física, química e biológica, e também da atuação de fatores que favoreçam a constituição e a estabilização dos agregados. Entre estes, podemos citar:

- » umedecimento e secagem;
- » expansão e contração;
- » congelamento e degelo;
- » ação mecânica de raízes e animais; presença de matéria orgânica em decomposição e de substâncias viscosas produzidas pelos microrganismos;
- » efeito de cátions adsorvidos (floculação e dispersão).

Além desses fatores, qualquer outra ação que movimente as partículas, induza ou force contatos e aprofunde linhas de fraqueza contribui para a formação das estruturas do solo (Brady; Weil, 1996).

Porosidade do solo

A porosidade do solo depende da presença de espaços entre suas partículas ou estruturas, os quais podem ser ocupados pelo ar e pela água. Portanto, está vinculada à textura, à estrutura e à presença de atividade biológica. Pode ser classificada em *porosidade textural*, *porosidade estrutural* e *porosidade específica* (Nikiforoff, 1941).

A **porosidade textural** resulta da ocorrência de espaços vazios entre as partículas individuais que compõem o solo (areia, silte e argila). Mesmo em solos que apresentam agregação, ela ocorre no interior dos agregados (entre as partículas). É responsável pela presença de microporos ou poros capilares, capazes de reter água.

A **porosidade estrutural** é consequência dos espaços que se formam entre os agregados e outros elementos da estrutura de um solo. Ao contrário da textural, é constituída principalmente por macroporos, e é responsável pela alta drenagem e aeração dos solos. Esse tipo de porosidade é comumente destruída durante as operações de cultivo e particularmente com a utilização da grade de discos.

Quanto ao tamanho, com base em seu diâmetro médio, os poros podem ser:

» muito pequenos – < 1 mm;
» pequenos – 1 - 2 mm;
» médios – 2 - 5 mm;
» grandes – 5 - 10 mm;
» muito grandes – > 10 mm.

Durante um estudo de campo, para estimar a quantidade de poros, deve-se levar em conta diferentes unidades de área para quantificar poros de tamanhos diversos (Soil Survey Division Staff, 1993):

» de 1 cm^2, para poros muito pequenos e pequenos;
» de 1 dm^2 para poros médios e grandes;
» de 1 m^2 para poros muito grandes.

Com base em sua quantidade por unidade de área, a ocorrência de poros num terreno pode ser:

» poucas (< 1 por unidade de área);
» comum (1-5 por unidade de área);
» muitas (> 5 por unidade de área).

Os poros constituem importantes reservatórios de água para as plantas e microrganismos. Além disso, são os responsáveis pelo transporte e distribuição da água, pela remoção do excesso de umidade e pela aeração de um terreno.

5.3.4.4 Consistência

A consistência do solo está na razão direta da resposta das forças físicas de adesão e coesão de suas partículas às deformações que lhe são impostas. Depende da presença dos seguintes fatores no solo:

» umidade;
» textura;
» composição mineralógica;
» teores de matéria orgânica;
» tipo predominante de cátions adsorvidos nos sítios de troca.

Durante um estudo de campo, a avaliação da consistência de um solo deve incluir sua descrição em três estados de umidade (Quadros 5.5 e 5.6):

» **Seco** – Permite avaliar sua dureza ou tenacidade (resistência de um torrão a pressões).
» **Úmido** – Permite estimar sua friabilidade (tendência ao esfarelamento).
» **Molhado** – Permite determinar sua plasticidade e sua pegajosidade.

Quadro 5.5 – Classes de consistência do solo quando seco e suas características distintivas

Classe	Característica distintiva
Solta	As partículas não formam torrão, apresentando-se soltas.
Macia	Torrões do solo são fracamente coerentes, desfazendo-se em material pulverizado ou grãos individuais sob pressão muito leve.
Ligeiramente dura	Torrões do solo são fracamente resistentes à pressão, sendo facilmente quebrados entre o polegar e o indicador.
Dura	Torrões do solo são moderadamente resistentes à pressão, sendo dificilmente quebrados entre o polegar e o indicador.

continua

Quadro 5.5 - conclusão

Classe	Característica distintiva
Muito dura	Torrões do solo são muito resistentes à pressão, não podendo ser quebrados entre o polegar e o indicador e só com dificuldade podem ser quebrados entre as mãos.
Extremamente dura	Torrões do solo são extremamente resistentes à pressão, não podendo ser quebrados entre as mãos.

Fonte: Elaborado com base em Ker et al., 2012.

A consistência do solo úmido manifesta-se por sua **friabilidade**, ou seja, pela facilidade com que seus torrões cedem à pressão. Para que o exame seja válido, deve ser realizado em condições de umidade iguais ou análogas às da capacidade de campo. No Quadro 5.6 e na Figura 5.6, apresentamos as características que indicam a consistência do solo úmido.

Quadro 5.6 - Classes de consistência do solo úmido e suas caraterísticas distintivas

Classe	Característica distintiva
Solta	O material do solo não tem coesão.
Muito friável	Torrões do solo esboroam-se quando submetidos a pressão muito leve.
Friável	Torrões do solo esboroam-se facilmente quando submetidos a pressão fraca a moderada entre o indicador e o polegar.
Firme	Torrões do solo esboroam-se quando submetidos a pressão moderada entre o indicador e o polegar.
Muito firme	Torrões do solo esboroam-se quando submetidos a forte pressão entre o indicador e o polegar.
Extremamente firme	Torrões do solo não podem ser esmagados entre o indicador e o polegar, embora possam ser quebrados pedaço a pedaço.

Fonte: Elaborado com base em Ker et al., 2012.

Figura 5.6 – Aspecto da consistência solta, friável e firme apresentada pelo solo úmido durante o teste de campo

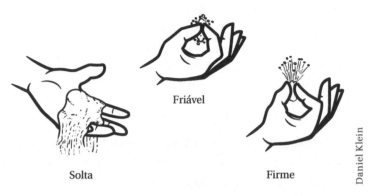

Fonte: Elaborado com base em Levine, 2005, citado por Ker et al., 2012, p. 70.

A consistência do solo molhado deve ser mensurada em amostras pulverizadas e homogeneizadas, com teor de umidade acima da capacidade de campo. Ela se manifesta como plasticidade e pegajosidade. A **plasticidade** é a capacidade de o material que compõe um solo ser moldado ou deformar-se em resposta a forças nele aplicadas. A **pegajosidade**, por sua vez, refere-se à capacidade do solo de aderir a outros objetos. As classes de pegajosidade e suas características distintivas podem ser vistas no Quadro 5.7.

Quadro 5.7 – Classes de pegajosidade e suas características distintivas

Classe	Características distintivas
Não pegajosa	Praticamente não há aderência do material do solo aos dedos.
Ligeiramente pegajosa	O material adere a ambos os dedos, mas desprende-se de um deles com facilidade e, durante a separação dos dedos, não se observa alongamento do material.

continua

Quadro 5.7 – conclusão

Classe	Características distintivas
Pegajosa	O material adere a ambos os dedos e não se desprende com facilidade, alongando-se durante o afastamento dos dedos.
Muito pegajosa	O material adere fortemente a ambos os dedos e o seu alongamento é facilmente perceptível durante o afastamento dos dedos.

Fonte: Elaborado com base em Ker et al., 2012.

Apresentamos nesta seção informações sobre a constituição dos solos. Terminada essa explanação, passamos a abordar as características químicas dos solos.

5.4 Caracterização química do solo

Conforme explicamos, o solo é constituído por água, ar, minerais e matéria orgânica. O Gráfico 5.1 demonstra a porcentagem de cada um desses elementos na composição de um solo de textura média.

Gráfico 5.1 – Composição volumétrica de um solo de textura média (35% a 60% de argila)

Fonte: Elaborado com base em Lima; Lima; Melo, 2007.

Esses componentes podem estar presentes em três fases distintas:

1. Sólida – matéria orgânica e mineral.
2. Gasosa – ar que ocupa os poros do solo.
3. Líquida – água que preenche poros do solo.

Os percentuais correspondentes a cada uma dessas fases dependem das condições climáticas, pois estas determinam o teor de umidade, a textura (proporção de areia, silte e argila), o grau de desenvolvimento do solo, e até mesmo a forma de preparo e utilização deste pelo homem.

A presença de componentes líquidos e gasosos depende diretamente do arranjo estrutural do solo, ou seja, da maneira como seus constituintes sólidos estão organizados. Os sólidos, constituídos pela matéria orgânica e pelos minerais, encontram-se agrupados nos horizontes A e B e formam os agregados do solo.

A Figura 5.7 oferece uma representação esquemática com apenas duas dimensões dos principais tipos de estrutura (agregados) do solo:

» **Cambissolo** – estrutura em blocos, normalmente com tamanho entre 0,5 e 3 cm.
» **Labossolo** – estrutura granular, normalmente com tamanho entre 1 e 5 mm.

Figura 5.7 – Representação esquemática dos principais tipos de estruturas (agregados) do solo

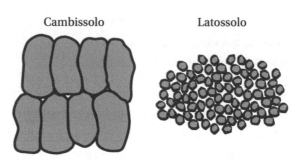

Fonte: Elaborado com base em Lima; Lima; Melo, 2007, p. 29.

As matérias orgânicas e minerais encontram-se intimamente agrupadas e formam os agregados, ao passo que a água e o ar competem para ocupar os espaços existentes nos interstícios e no interior dos agregados (macro e microporos, respectivamente), como ilustrado na Figura 5.7.

Figura 5.7 – Representação esquemática (apenas duas dimensões) da estrutura granular (latossolo)

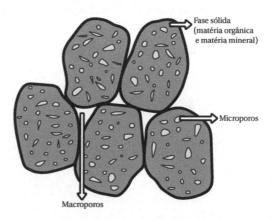

Fonte: Elaborado com base em Lima; Lima; Melo, 2007, p. 31.

5.4.1 Material mineral[vi]

A porção mineral é constituída de fragmentos (pedaços grosseiros do material de origem com tamanho maior que 2 mm de diâmetro) de rocha e minerais com formas e tamanhos variáveis. No entanto, são os minerais que constituem a porção do solo que caracteriza a chamada *terra fina* (fragmentos menores de 2 mm), determinam as características físico-químicas e ditam o comportamento desse solo. A Figura 5.8 apresenta um esquema das medidas e proporções dos principais componentes da fase sólida do solo.

Figura 5.8 – Escala do tamanho da fração mineral do solo

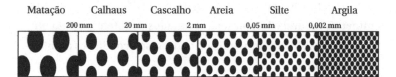

Fonte: Elaborado com base em Lima; Lima; Melo, 2007.

Na terra fina, os minerais são classificados em frações correspondentes ao tamanho de seus fragmentos:

» **Fração areia** – Minerais mais grosseiros (de 0,005 a 2 mm).
» **Fração silte** – Minerais intermediários (de 0,002 a 0,05 mm).
» **Fração argila** – Minerais extremamente pequenos (diâmetro inferior a 0,002 mm), visíveis somente ao microscópio eletrônico de transmissão.

É necessário também saber quais minerais estão dispostos nas frações areia, silte e argila do solo. Por exemplo: dois solos arenosos, um com predomínio de quartzo e outro de feldspato potássico

---

vi. Esta seção foi elaborada com base em Lima, Lima e Melo (2007).

(dois minerais primários) na fração areia, apresentam comportamentos diferentes. Instalando-se uma cultura nesses solos, como a de banana, as plantas crescem e produzem mais em virtude da presença de feldspato pretônico, relacionado à grande exigência dessa cultura em potássio, nutriente inexistente no quartzo.

Frações areia e silte[vii]

As frações areia e silte do solo normalmente são constituídas por minerais primários. Estes são formados principalmente durante o resfriamento do magma, para a formação das rochas magmáticas ou ígneas. O granito e o basalto são dois exemplos comuns desse tipo de rocha, compostas exclusivamente por minerais primários. A fração mais fina (argila) é constituída basicamente por minerais secundários, ou seja, resultados do intemperismo químico (alteração) dos minerais primários, sob condições ambientais específicas.

> Considerando que um granito exposto na superfície terrestre começa a sofrer intemperismo (processo de alteração responsável pela transformação da rocha em solo), é possível fazer o seguinte questionamento: Por que uma rocha que apresenta apenas minerais do tamanho areia (todos grandes, entre 0,05 e 2 mm, visíveis a olho nu) daria origem a um solo, por exemplo, com a seguinte granulometria (quantidades relativas das classes de tamanho da fração mineral): 50% de areia, 10% de silte e 40% de argila? De onde vieram os minerais do tamanho silte e argila existentes no solo e ausentes na rocha?
>
> Isso só é possível graças aos processos de intemperismo físico (fracionamento dos minerais) e químico que atuam sobre a rocha. Na presença de água e calor, a rocha se desintegra e libera

---

vii. Esta seção foi elaborada com base em Lima, Lima e Melo (2007, p. 35).

os minerais para o solo. Tomemos o feldspato (mineral primário) como exemplo por ser um mineral de fácil intemperismo químico e comum no granito. Se uma partícula de feldspato, com 1,5 mm de diâmetro (tamanho areia), for quebrada em várias outras menores, as partículas resultantes podem apresentar tamanho condizente ao limite do silte. Contudo, no intemperismo físico, as partículas conseguem chegar somente na fração silte. O intemperismo físico quebra o mineral do tamanho de areia (entre 2 e 0,05 mm) e forma vários minerais do tamanho silte (entre 0,05 e 0,002 mm). O intemperismo químico dissolve o mineral primário dos tamanhos areia e silte e libera os elementos químicos no solo, que se juntam para formar os minerais secundários do tamanho argila (menor que 0,002 mm) ou ficam disponíveis para alimentar as plantas.

A formação de minerais do tamanho argila é consequência do intemperismo químico, que vem a ser o ataque ácido da estrutura dos minerais na presença de água e calor. Como resultado, seus constituintes são liberados para a solução do solo (água com vários elementos dissolvidos), formando minerais secundários. Por exemplo, a biotita tem alto teor de ferro e, por seu intemperismo, esse elemento químico é liberado e forma óxidos de ferro (hematita e goethita), minerais secundários que imprimem as cores vermelha e amarela aos solos. Outra possibilidade é a formação da argila esmectita a partir de silício, ferro e magnésio liberados pelo intemperismo da biotita.

Assim, é fácil compreender por que os solos originados de granito, com o passar do tempo (milhares de anos), tornam-se mais argilosos (maior possibilidade de os minerais primários da fração argila transformarem-se em secundários).

Seria esse processo de formação de argila ilimitado? Na verdade, não; o limite é determinado, normalmente, pelo teor de quartzo, mineral que praticamente não sofre intemperismo químico. Portanto, os solos velhos originados de granito apresentam, quase exclusivamente, esse elemento nas frações areia e silte. Para a formação de uma partícula de quartzo com 1 mm de diâmetro (fração areia), são necessários cerca de 60 mil anos, em razão da dureza do mineral. É principalmente nas frações areia e silte que se encontram os minerais primários capazes de fornecer, após a intemperização, nutrientes que as plantas necessitam retirar do solo. Esses nutrientes, principalmente potássio, cálcio, magnésio e micronutrientes (como ferro, manganês, cobre e zinco) fazem parte da estrutura de alguns minerais primários (ver Quadro 5.8) e são liberados para a solução (água) do solo pelo intemperismo.

Quadro 5.8 – Principais minerais primários: potenciais fontes de nutrientes para as plantas

Minerais primários	Nutrientes contidos no mineral
Olivina	Mg, Fe, Cu, Mn, Mo, Zn
Piroxênio	Ca, Mg, Fe, Cu, Mn, Zn
Anfibólio	Ca, Mg, Fe, Cu, Mn, Zn
Biotita (mica preta)	K, Mg, Fe, Cu, Mn, Zn
Muscovita (mica branca)	K
Ortoclásio (feldspato potássico)	K
Plagioclásio (feldspato cálcico)	Ca, Cu, Mn
Apatita	P, Ca, Fe, Mg

Fonte: Lima; Lima; Melo, 2007, p. 33.

A planta, ao retirar a água (solução do solo) contida nos microporos, absorve também esses nutrientes essenciais ao seu crescimento.

Então, os minerais primários, quando presentes no solo, funcionam como adubos naturais, que liberam lentamente os nutrientes para as plantas. Apesar de não apresentar elementos essenciais para as plantas (nutrientes), o quartzo é o principal e o mais comumente encontrado mineral nas frações areia e silte dos solos.

Fração argila

A fração argila é composta, quase exclusivamente, por minerais secundários. Esses minerais são formados a partir da alteração de minerais primários e, dependendo do grau de desenvolvimento do solo, também a partir da alteração de outros minerais secundários. São encontrados sob a forma de silicatados (com silício em sua estrutura) e também óxidos de ferro e alumínio. A presença de diferentes tipos de minerais secundários na fração argila depende basicamente da rocha de origem e do grau de evolução do solo. Esses minerais apresentam-se em estado coloidal, ou seja, fração extremamente pequena (menor que 0,002 mm), com a presença de cargas na superfície, o que possibilita a adsorção de íons, que é a atração dos íons de cargas opostas pelas cargas dos minerais (Lima; Lima; Melo, 2007).

Além disso, outras características importantes do solo são decorrentes da presença dessas cargas negativas (capacidade de troca catiônica – CTC), e positivas (capacidade de troca aniônica – CTA) na superfície dos minerais:

» retenção de água;
» plasticidade e pegajosidade;
» dureza no estado seco e mudança de volume, conforme o teor de umidade, cor e formação da estrutura do solo.

Nos minerais primários (silte e areia) não há cargas superficiais e, por isso, quando um indivíduo anda em solo argiloso, as partículas grudam nas solas de seus sapatos, o que não acontece em solos arenosos ou siltosos (Lima; Lima; Melo, 2007).

A presença dos argilominerais dá-se na forma de diferentes espécies minerais cuja ocorrência é condicionada pelo material de origem, pelo intemperismo e pela pedogênese, incluindo etapas de estabilidade, transformações e neoformações minerais. Como consequência, essa diversidade pode ser representada em diferentes tipos de perfis de solo, fazendo desses minerais (e de outros grupos) indicadores da intensidade de intemperização e dos processos pedogenéticos (bissialitização, monossialitização, elitização etc.).

A importância dos argilominerais no solo deve-se a sua peculiar e significativa contribuição às propriedades físicas (textura, estrutura, consistência, permeabilidade, expansão e contração) e químicas (disponibilidade de nutrientes, CTC, pH e sorção) do solo, decorrentes principalmente do pequeno tamanho de partícula (propriedades coloidais, elevada área superficial e reatividade de superfície).

A caulinita é o principal mineral silicatado da fração argila encontrado nos solos de todo o mundo, sobretudo, naqueles mais intemperizados (velhos), desenvolvidos na região tropical úmida. Esse mineral é caracterizado por baixa quantidade de cargas negativas e formato de lâminas microscópicas. A esmectita e a vermiculita, também denominados *minerais silicatados secundários*, podem ocorrer em alguns solos, especialmente nos mais jovens. Esses últimos minerais apresentam grande quantidade de cargas negativas (CTC), característica que confere aos solos elevada capacidade de retenção de água e de nutrientes para as plantas. Já solos com altos teores de esmectita na fração argila, em decorrência da elevada CTC e da capacidade de expansão e contração desse mineral de acordo com o teor de umidade do solo, apresentam algumas características físicas indesejáveis, tais como elevada dureza quando seco e alta pegajosidade quando molhado; tais fatores dificultam as práticas agrícolas (aração, gradagem, plantio etc.).

Os óxidos de ferro e alumínio são também importantes constituintes da fração argila dos solos muito velhos. Normalmente, esses óxidos determinam a cor e influenciam a estrutura e a adsorção de nutrientes nos solos. Os óxidos mais comuns e abundantes no solo são a gibbsita (óxido de alumínio), a goethita (óxido de ferro III) e a hematita (óxido de ferro III). No solo, a hematita confere a cor vermelha ao solo e tem um poder pigmentante bastante intenso, razão pela qual mesmo em baixas concentrações consegue imprimir a sua cor peculiar. A goethita é a mais frequente forma de óxido de ferro nos solos brasileiros. Ela ocorre em quase todos os tipos de solos e condições climáticas e é responsável pelas cores amareladas tão comuns em solos brasileiros[viii].

Síntese

Neste capítulo, tratamos de informações essenciais sobre um dos produtos das transformações que a crosta terrestre sofre em sua interação com a atmosfera, a hidrosfera e a biosfera. Esse produto, o solo, é a coleção de corpos naturais que ocupam partes da superfície terrestre, os quais constituem um meio para o desenvolvimento das plantas e também apresentam propriedades resultantes das ações integradas do clima e dos organismos vivos sobre o material de origem, ambas condicionadas pelo relevo e atuando durante certo período.

A interação entre os diversos fatores de formação do solo desencadeia processos formadores ou pedogenéticos, os quais determinam as feições morfológicas e a composição do solo que irá se formar. Os fenômenos e processos que atuam na formação dos

---

viii. Para saber mais sobre a distribuição dos solos brasileiros, consulte a seção "Apêndices".

solos resultam de uma estrutura distribuída em camadas horizontais, formando os perfis de solo, material organizado em camadas paralelas à superfície do terreno e que se diferenciam por características físicas (cor, textura, estrutura, consistência e espessura) e químicas mineralógicas (argilominerais, óxidos, hidróxidos). Essas camadas, denominadas *horizontes*, formam no seu conjunto uma sequência vertical que caracteriza o perfil de solo. Os principais grupos de horizontes, denominados *horizontes-chave*, são representados pelas letras O, H, A, E, B, C, F e R.

As rochas são os principais materiais de origem dos solos. Dependendo do tipo de rocha, os solos podem ter mais ou menos areia e argila e serem férteis ou pobres. Os climas quentes e úmidos favorecem a formação de solos profundos; em climas áridos, os solos tendem a ser mais rasos e pedregosos. Os solos tendem a ser mais profundos em relevos planos; já em relevos inclinados, tendem a ser rasos.

Quanto à sua constituição, explicamos que o solo é formado por água, ar, minerais e matéria orgânica. A matéria orgânica e os minerais encontram-se agrupados, formando os agregados do solo. A porção mineral é constituída por fragmentos de rochas e minerais com formas e tamanhos variados. Os fragmentos de rochas são pedaços grosseiros do material de origem (maiores que 2 mm de diâmetro) e os minerais que determinam as características físico-químicas apresentam tamanho menor que 2 mm, porção de solo denominada *terra fina* (fração areia, fração silte e fração argila). As frações areia e silte são constituídas por minerais primários, e a fração mais fina (argila) é constituída por minerais secundários (minerais silicatados e também óxidos de ferro e alumínio).

Hoje, os diferentes tipos de solos são bem conhecidos e classificados, o que auxilia a planejar o uso racional da terra. Entretanto, cada tipo de solo apresenta várias características intimamente relacionadas, que irão responder de forma diferente aos usos e manejos a eles aplicados.

Atividades de autoavaliação

1. Analise as afirmações a seguir e indique se elas são verdadeiras (F) ou falsas (F):
   ( ) A formação do solo depende da ação integrada de fatores e processos que ocorrem entre a litosfera, a hidrosfera, a atmosfera e a biosfera.
   ( ) O solo é o substrato utilizado pelos vegetais, para seu desenvolvimento e disseminação.
   ( ) O solo é um corpo ativo, dinâmico e em constante evolução, que independe das interações de fatores e processos que ocorrem sobre o planeta.
   ( ) O solo é um corpo vivo, ativo e em constante evolução. Ele nasce e, com o tempo, atinge a maturidade e caminha para a senilidade.
   Agora, assinale a alternativa que à sequência correta:
   a) F, V, V, V.
   b) F, V, V, V.
   c) V, V, F, V.
   d) V, V, V, F.
   e) F, V, F, V.

2. (UFPR, 2014) O intemperismo é um processo de alteração física e química de rochas que ocorre na superfície do planeta. Esse processo modifica as características físicas e químicas da rocha, deixando no local um resíduo conhecido por *rególito*, que, por sua vez, é a matéria-prima para a formação de

solos. Com relação aos processos e produtos do intemperismo, é correto afirmar:
a) Os produtos do intemperismo físico são: fragmentos de rochas, aluminossilicatos neoformados e óxidos de ferro e alumínio.
b) A sinergia entre o intemperismo químico e o intemperismo físico ocorre quando há uma mudança climática em um determinado local, que passa de um clima árido ou semiárido para um clima úmido.
c) O intemperismo ou erosão é um processo de remoção de material decomposto por ação da gravidade ou por ação de agentes hídricos.
d) A erosão hídrica laminar ou linear é um tipo de intemperismo que causa a perda de solos, principalmente em áreas desprovidas de cobertura vegetal.
e) A elevação da temperatura ambiente favorece a cinética química, podendo, em alguns casos, duplicar a velocidade das reações de intemperismo químico.

3. Sobre a pedogênese, assinale a alternativa correta:
a) Quatro mecanismos são fundamentais para reorganizar o saprólito e promover a formação do solo: adição, subtração, transformação e translocação.
b) Os solos jovens são menos férteis que os solos velhos.
c) Adição e transformação são os processos que produzem alterações físicas.
d) Vermelho, amarelo ou vermelho-amarelo são cores resultantes da formação de compostos presentes em solos mais jovens.
e) A transformação é o conjunto dos processos pedogenéticos específicos.

4. (UFPR, 2014) Em uma dada região, foram encontrados solos lateríticos. Essa ocorrência indica que:
   a) O solo é composto de quartzo, feldspato, plagioclásio, anfibólio e biotita.
   b) O solo apresenta argilominerais exclusivamente do tipo montmorilonita e ilita.
   c) O solo apresentará cores brancas e minerais carbonáticos inalterados.
   d) Esse material foi formado pelo intemperismo físico predominante.
   e) A mineralogia do solo está representada por caulinita, quartzo e óxidos e hidróxidos de ferro e alumínio.

5. (UPE, 2013) Observa-se, na figura a seguir, um problema ambiental que decorre, indiretamente e sobretudo, das ações antrópicas sobre a natureza. Examine a fotografia e depois assinale a alternativa que apresenta esse problema.

Gerson Gerloff / Pulsar Imagens

   a) Formação de voçorocas.
   b) Assoreamento.
   c) Lixiviação dos latossolos.
   d) Laterização de leito fluvial.
   e) Movimentos de massa rápidos.

Atividades de aprendizagem

Questões para reflexão

1. Suponha que você está pensando em utilizar lajotas decorativas de calcário polido para erigir alguns monumentos em uma praça na cidade de Brasília (região de clima quente e seco), e em outra praça na região central da cidade de Curitiba (região de clima chuvoso e frio). Como você acha que vai ficar cada um desses monumentos daqui a 100 anos? Procure fazer uma lista dos fatores que influenciam a alteração desse material (lajota) e relacione o resultado com a ação climática nas duas regiões citadas.

2. Procure investigar qual é o tipo de solo predominante na sua cidade e se existe um plano de zoneamento urbano para a ocupação dos espaços. Em seguida, compare o tipo de ocupação que existia em décadas anteriores com a ocupação recente e faça um relato descrevendo a relação da ocupação da época anterior com o zoneamento atual.

3. Explique qual é a importância dos solos e como ocorre seu processo de formação.

Atividade aplicada: prática

A fim de observar, na prática, que os solos são derivados de rochas, que estas precisam ser alteradas (intemperizadas) para que ocorra a formação do solo e que rochas diferentes originam solos também diferentes, obtenha amostras de rochas bem diferentes (arenito e basalto, por exemplo), de rochas já alteradas e de solos derivados dessas rochas.

Trabalhe, inicialmente, com as amostras de rocha não alteradas, observando as seguintes diferenças:

» Granulometria – Qual das rochas é mais áspera ao tato?
» Cor – Qual das rochas tem coloração mais clara? Por quê?
» Dureza – Qual das rochas permite destacar alguns grãos?
» Peso – Qual é mais pesada? Por quê?

Em seguida, compare as amostras de rochas alteradas com as não alteradas, buscando responder às seguintes questões:

» Que elementos desencadearam a alteração dessas rochas?
» A desagregação das rochas alteradas é mais fácil que a da rocha sã;
» Há diferenças na cor e na granulometria das amostras?

Dando sequência, umedeça as amostras com pouca água e as esfregue entre os dedos. Alguma das amostras gruda nos dedos? Utilizando amostras secas e bem destorroadas, aproxime um ímã. Alguma das amostras adere ao magneto? Por quê?

Para finalizar, responda:

Qual dos dois solos – solo derivado de basalto e solo derivado de arenito – tem maior capacidade de retenção de água? Por quê? A água retida pelo solo é importante para o desenvolvimento das plantas? Por quê?

Indicação cultural

Para aprofundar seus conhecimentos nas questões tratadas neste capítulo, sugerimos a seguinte obra de referência:

PALMIERI, F.; LARACH, J. O. I. **Geomorfologia e meio ambiente.** Rio de Janeiro: Bertrand-Brasil, 1998. p. 59-122.

UFSM – Universidade Federal de Santa Maria. **Departamento de Solos**. Disponível em: <www.ufsm.br/solos>. Acesso em: 13 mar. 2017.

EMBRAPA – Empresa Brasileira de Pesquisa Agropecuária. **Planejamento conservacionista da propriedade agrícola**. Disponível em: <https://www.youtube.com/watch?v=SBzuNNmBTmM>. Acesso em: 22 dez. 2016.

Parte 3

Recursos
minerais

6 Geologia do Brasil e recursos minerais

Para finalizar nossa abordagem sobre as temáticas que enfocamos nesta obra, nos dedicaremos, neste capítulo derradeiro, à apresentação de alguns aspectos da geologia do Brasil e da compartimentação geológica do continente sul-americano para tratarmos, posteriormente, dos recursos minerais utilizados em diferentes produtos e atividades humanas. Versaremos sobre os diferentes tipos de depósitos minerais e a forma como eles se consolidam, bem como a respeito dos recursos energéticos utilizados na contemporaneidade, como o petróleo, o gás natural e o carvão mineral. Por fim, proporemos uma breve reflexão sobre o setor mineral e sobre a demanda por novos recursos energéticos a fim de que a exploração mineral seja efetuada com responsabilidade social e ecológica.

6.1 Geologia do Brasil: compartimentação geológica

Os diversos ciclos tectônicos que se desenvolveram na Plataforma Sul-Americana, especificamente na região onde hoje se encontra o Brasil, estabeleceram a compartimentação de seus grandes domínios geológicos. O território brasileiro está inteiramente situado nessa plataforma, a qual é caracterizada pelo embasamento pré-cambriano exposto (escudos) e por coberturas fanerozoicas (Veja o Mapa B, na seção "Anexos"). O embasamento mencionado expõe-se de forma relativamente contínua na Região Norte do país – onde é denominado *Escudo das Guianas* – e na porção centro-ocidental do Brasil e em parte da Bolívia – onde é chamado *Escudo Brasil Central.* Junto à margem Atlântica, há exposições do embasamento denominado *Escudo Atlântico* (Schobbenhaus; Brito Neves, 2003).

Em geologia, a denominação *Plataforma Sul-Americana* diz respeito à fração continental da placa homônima, a qual funcionou como antepaís durante a evolução das diversas colagens de blocos que configuraram o continente Gondwana. Posteriormente, este deu origem ao Atlântico Sul, no Mesocenozoico, o que resultou na formação dos continentes sul-americano e africano.

Em termos globais, a Placa Sul-Americana está situada ao leste dos Andes e ao norte da Plataforma Patagônica, sendo limitada ao norte pela Placa do Caribe; ao oeste pelas placas de Cocos, Nazca e Antártica; e ao sul, pela Placa de Scotia. Na extremidade oriental, apresenta a cadeia meso-oceânica, que separa a Plataforma Sul-Americana da Plataforma Africana (Confira o Mapa C, que consta da seção "Anexos").

Essa plataforma apresenta uma complexa variedade de rochas. Sua composição guarda uma extensa história de aglutinações de continentes e fechamento de oceanos, desde o Arqueano até o Neoproterozoico, com blocos cratônicos ou escudos e faixas móveis que foram amalgamados durante todo o Período Pré-Cambriano.

> Em seu embasamento assentam-se bacias sedimentares fanerozoicas, em parte com rochas vulcânicas associadas. A Plataforma Sul-Americana se formou antes do Ordoviciano Superior, mas só se individualizou como tal no Cretáceo, com a ruptura e a separação entre a América do Sul e a África. Atualmente, cerca de 75% de toda a área da plataforma é ocupada pelo território brasileiro. O restante está compartimentado ao norte por Colômbia, Venezuela, Guiana, Suriname e Guiana Francesa. Parte do território

boliviano está incluída na porção mais ocidental. Ao sul, estão localizados o Paraguai e o Uruguai e também as partes central e norte da Argentina (Schobbenhaus; Brito Neves, 2003).

6.1.1 Províncias estruturais

Diante da necessidade de ordenar as diversas entidades geológicas que integram o território brasileiro, os geólogos as compartimentalizaram em províncias estruturais. Propostas por Almeida et al. (1977), essas províncias passaram a agrupar grandes regiões que manifestam feições de evolução estratigráfica, tectônica, metamórfica e magmática ora semelhantes, ora distintas das adjacentes.

Então, segundo Almeida et al. (1977), as dez províncias estruturais do Brasil (Mapa D, da seção "Anexos") são assim distribuídas:

» **Plataformas pré-cambrianas** – Província São Francisco, Província Rio Branco e Província Tapajós.
» **Faixas de dobramento neoproterozoicas** – Província Borborema, Província do Tocantins e Província Mantiqueira.
» **Áreas das grandes bacias paleozoicas** – Província do Parnaíba, Província do Paraná e Província do Amazonas.
» **Margem continental** – Província Costeira e Margem Continental.

Atualmente, em decorrência da evolução dos conhecimentos geológicos e da disponibilidade de dados novos e mais precisos, diversos autores que discutem tais questões vêm propondo acréscimos ou subdivisões a essas províncias. O Serviço Geológico do Brasil – Companhia de Pesquisa de Recursos Minerais (CPRM) recentemente dividiu o Brasil em 15 províncias (Bizzi et al., 2003), subdividindo, por exemplo, as que compunham o Cráton Amazonas e revisando alguns limites (Santos, 2003). O cráton citado, antes considerado de idade arqueana (Schobbenhaus et al.,

1984), apresenta uma série de blocos de idades distintas, amalgamados em razão de consecutivos eventos de colisão entre o Mesoarqueano e o Neoproterozoico, e parcialmente recobertos, durante o Fanerozoico, pelas bacias sedimentares do Amazonas, Solimões, Alto Tapajós e Parecis (Veja Mapa E, da seção "Anexos").

As províncias Borborema, Tocantins e Mantiqueira apresentam registros de consolidação no final do Neoproterozoico, porém, como no caso do Cráton Amazonas, estas resultam de uma complexa história evolutiva. De forma geral, são províncias representadas por rochas metassedimentares resultantes do fechamento de oceanose com a colagem de microblocos. Essas faixas de rochas deformadas recebem o nome de *faixas móveis* ou *faixas de dobramentos* (Brito Neves, 1995).

Entre as províncias geológicas brasileiras definidas por Almeida (1977), as bacias fanerozoicas tiveram uma notável evolução em termos de subdivisões e detalhamento, principalmente em razão do interesse na exploração de hidrocarbonetos (Mapa F, constante dos Anexos). Podemos destacar a Bacia Intracratônica do Amazonas, subdividida em Bacia do Solimões e Bacia do Amazonas, em virtude da sua evolução e do seu registro geológico distintos. A evolução do conhecimento nas bacias costeiras (*offshore*) é notória. Estas, apesar de contarem com registros geológicos contemporâneos, apresentam evolução e gênese distintas. Essas particularidades resultaram na distinção do registro fóssil e, consequentemente, na geração e na preservação de hidrocarbonetos diferenciados entre as bacias. A necessidade de compreensão dessas bacias resultou nas 16 subdivisões da Província Costeira.

O conhecimento geológico do país permite compreender a localização, a natureza e a quantidade de um enorme leque de recursos naturais essenciais à manutenção da qualidade de vida das populações e seu desenvolvimento econômico, além de auxiliar na prevenção e no monitoramento de desastres e riscos naturais e na construção da infraestrutura e planejamento nacional.

6.2 Geologia econômica

O estilo de vida herdada, praticada e a ser passada como exemplo para as próximas gerações depende do uso e das aplicações dos recursos minerais. Como expresso por Press et al. (2006, p. 551), "Quase tudo que usamos vem da Terra – os metais, a pedra e o cimento para a construção civil, a areia com que fabricamos o vidro e os transístores". Portanto, sem recursos minerais, a humanidade não poderia subsidiar seu crescente desenvolvimento tecnológico.

Esses recursos geraram riqueza e conforto, forneceram os materiais e a energia necessários para o processamento de alimentos, a construção de estruturas, o transporte e a manufatura de bens de todos os tipos. É importante lembrar, porém, que esses recursos são finitos e que o Sistema Terra é frágil. A continuidade de um modelo de exploração irrestrita, nos moldes que ainda tem vigorado, certamente ocasionará, em pouco tempo, escassez desses recursos e acúmulo de resíduos perigosos. Poderão ocorrer também mudanças climáticas, com um grande potencial de comprometer irremediavelmente a existência humana.

O desafio que se impõe é usar os recursos de forma equitativa para garantir um futuro sustentável.

Entende-se por *recursos* a quantidade de um dado material disponível para uso futuro. Os recursos incluem as reservas, depósitos já descobertos e que, no tempo presente, podem ser explorados economicamente, de acordo com a lei. Esse conceito compreende também os depósitos já descobertos, mas cuja exploração atualmente não resultaria em lucro.

233

6.3 Recursos minerais

Os recursos minerais são concentrações de materiais rochosos que têm aplicações econômicas para o ser humano. Esses elementos são fontes de grande parte dos materiais que compõem a base da sociedade industrial moderna. Entre eles, podemos mencionar o ferro, o cobre, o alumínio, o zinco, o ouro e muitas outras substâncias metálicas e não metálicas. Petróleo, gás natural, carvão mineral e minerais radioativos (que contêm urânio e tório) fazem parte do grupo dos *recursos energéticos*.

Os recursos minerais são encontrados em depósitos minerais, presentes em alguns tipos de rochas naturalmente criadas – e também destruídas – pelos processos geológicos que atuam no interior e na superfície do planeta Terra. Esses processos, chamados *metalogenéticos*, compreendem mudanças químicas em decorrência das quais os elementos ou os compostos originalmente dispersos em grandes volumes de rochas foram concentrados em espaços menores, constituindo as **zonas mineralizadas**.

De acordo com Hasui et al. (2012, p. 814), os minerais são definidos como "substâncias inorgânicas sólidas e homogêneas que ocorrem naturalmente, com composição química definida e arranjo cristalino ordenado". Os minerais podem ser metálicos, como o ouro (Au) e a calcopirita ($CuFeS_2$), ou não metálicos como a barita ($BaSO_4$), a calcita ($CaCO_3$) e a halita (NaCl). A geologia econômica procura classificar os bens minerais com base em informações detalhadas sobre tipos de minérios e depósitos que detenham valor econômico.

6.4 Depósitos minerais

Os depósitos ricos em minerais, a partir dos quais podem ser extraídos metais de valor econômico, são denominados *minérios*. Os minerais que contêm esses metais são chamados *minerais de minério*. Estes, de acordo com sua constituição, são divididos em três grupos: os sulfetos (o grupo principal, em cuja composição encontra-se o enxofre), os óxidos (em que o elemento metálico está ligado a átomos de oxigênio) e os silicatos (que contêm óxidos de silício).

6.4.1 Ambientes geodinâmicos de sistemas mineralizantes

A rápida evolução no entendimento da tectônica global durante os últimos 40 anos evidenciou a importância dos ambientes e dos processos tectônicos no controle tanto da natureza das rochas encaixantes quanto dos tipos e das dimensões dos depósitos minerais que nelas são gerados. Com base nesses conhecimentos, concluiu-se que os depósitos de minerais primários representam extraordinárias concentrações metálicas. Elas se formam por processos magmáticos, magmato-hidrotermais e hidrotermais, em ambientes geodinâmicos caracterizados por alta energia termal ou mecânica, nas proximidades de limites ou no interior das placas tectônicas (Groves; Bierlein, 2007).

Diversos agentes e processos (fluidos, temperatura, pressão, atividade química, potencial hidrogeniônico, potencial de oxirredução etc.) atuam em diferentes intensidades e importâncias ao longo de um ciclo evolutivo para formar um depósito mineral. A distribuição temporal dos depósitos reflete os processos metalogenéticos, no que se refere às condições de preservação durante a evolução da crosta terrestre.

A formação de metais e minerais valiosos ocorre em diferentes contextos da história das placas tectônicas, geralmente vinculada a grandes processos geológicos de magmatismo, sedimentação, metamorfismo e deformação de rochas. Os tipos de depósitos variam muito, conforme os ambientes e as estruturas em que eles se formam. As mais importantes jazidas situam-se em domínios de arcos magmáticos, dorsais médio-oceânicas e plumas do manto.

Fique atento! Minério primário é aquele que não sofreu alteração intempérica. Encontra-se normalmente em profundidade. Por exemplo: depósitos de veios auríferos ou de sulfetos metálicos.

6.4.2 Principais tipos genéticos de depósitos minerais

Os depósitos minerais podem ser definidos segundo o modo como se formam na natureza, assim como ocorre com as rochas. Bettencourt e Moreschi (2001, p. 456) observam que "como os depósitos minerais resultam da ação de processos geológicos comuns, [...] o processo geológico dominante na geração do depósito confere-lhe sua composição genética". Explicaremos essa classificação, e cada um dos tipos de depósito que a compõe nas seções seguintes.

6.4.2.1 Depósito supérgeno

Os depósitos supérgenos são formados em consequência das alterações físicas e químicas sofridas pelas rochas submetidas ao intemperismo (Bettencourt; Moreschi, 2001). Sua gênese depende da preexistência de uma rocha suscetível à alteração supérgena, à qual denominamos *rocha inalterada, parental* ou *rocha-mãe*. Fatores como clima, vegetação, relevo e drenagem influem na constituição do depósito, pois interferem nas alterações químicas dos minerais que compõem a rocha-mãe, seja retendo a fase química insolúvel, seja promovendo a eliminação da fase solúvel.

No Brasil, país de clima equatorial e tropical, a formação desse tipo de depósito é frequente e, portanto, economicamente importante. Minérios de metais e outros elementos químicos como alumínio (bauxita), urânio, manganês e níquel ou matérias-primas como fosfatos, caulim, areia quartzosa, entre outros, são alguns dos bens minerais que podem ser extraídos de depósitos desse tipo genético (Bettencourt; Moreschi, 2011).

6.4.2.2 Depósito sedimentar

De acordo com Bettencourt e Moreschi (2011) os depósitos sedimentares são encontrados em dois grandes grupos: os detríticos, também denominados *plácer*, e os químicos. Assim como as rochas sedimentares, eles se formam graças ao transporte de substâncias pelos agentes geológicos superficiais e também em decorrência de deposição mecânica (depósitos sedimentares detríticos) ou precipitação química (depósitos sedimentares químicos) de substâncias transportadas em lagos, deltas, linhas costeiras, planícies de aluvião e plataformas continentais.

Fazem parte desse grupo o ferro, o manganês, os metais básicos, as rochas carbonáticas, os evaporitos, o ouro, o fosfato, a gipsita, a cassiterita, entre outros recursos minerais de grande importância econômica, incluindo os combustíveis fósseis (petróleo, carvão, gás natural), que são gerados em ambientes de deposição. A seguir, listamos alguns exemplos de depósitos minerais que pertencem a esse tipo genético:

» **Evaporitos** – São formados em decorrência da saturação e posterior precipitação de minerais causadas pela evaporação da água de lagos ou bacias isoladas preenchidas pela água do mar. Em ambientes desse tipo, sujeitos a clima extremamente árido, verificam-se precipitados de carbonato de sódio (Na_2CO_3), sulfato de sódio (Na_2SO_4) e bórax (tetraborato de sódio – $Na_2B_4O_7 \cdot 10H_2O$). Há, também, os minerais evaporíticos formados pela precipitação de água dos oceanos. Incluem-se nesse grupo a gipsita ($CaSO_4 \cdot 2H_2O$), a halita (NaCl), a carnalita ($KCL \cdot MgCl_2 \cdot 6H_2O$) e a silvita (KCl). Os principais ambientes deposicionais com ocorrência de evaporitos são:

  » Grábens e meio-grábens dentro de riftes continentais, alimentados por drenagem fluvial limitada, como a Depressão Denakil, na Etiópia, e o Vale da Morte, na Califórnia (USA).
  » Grábens em riftes oceânicos alimentados por incursões limitadas de água salgada, conduzindo ao isolamento e à evaporação, como o Mar Morto.
  » Bacias de drenagem interna sujeitas a climas áridos a semiáridos, ou temperados a tropicais, alimentadas por drenagens temporárias, como o Deserto de Simpson, na Austrália Ocidental, e o Grande Lago Salgado, em Utah (USA).
  » Áreas não basinais alimentadas exclusivamente por infiltrações artesianas de água subterrânea, como os montículos de exsudação do Deserto de Victória, alimentados pela Grande Bacia Artesiana.

- » Planícies costeiras restritivas em ambientes de mares regressivos, como os depósitos do tipo *sabkha* do Irã, Arábia Saudita, e Mar Vermelho.
- » Bacias de drenagem de clima extremamente árido, como o Deserto do Atacama, no Chile e algumas regiões do Deserto do Saara e da Namíbia.
- » Grandes depósitos evaporíticos no Brasil formados no Paleozoico e no Mesozoico, como os depósitos de potássio em Nova Olinda (AM) e em Taquari-Vassouras (SE), formados no Eocretácio, e depósitos de gipsita, na Chapada do Araripe (PE).
- » Fosforitos – São rochas sedimentares que, por sua alta concentração de minerais fosfatados, despertam grande interesse econômico. Geralmente ocorrem como depósitos primários acamadados ou retrabalhados, de origem marinha, com ocorrência de compostos de carbonato fluorapatita microcristalina sob diversas formas (laminada, peloidal, ooidal etc.). Também são frequentes, nesses ambientes, fragmentos fosforizados de esqueletos de conchas e ossos de organismos marinhos. A forma primária do fósforo encontra-se em apatitas presentes em rochas continentais, convertidas em formas hidrogênicas nos horizontes intemperizados. Os maiores depósitos de fosforito do mundo encontram-se na região do Mediterrâneo, com depósitos na Turquia, no Egito e na Arábia Saudita, e também no Oriente Médio e no norte da África. No Brasil, esses depósitos são de idade neoproterozoica, e ocorrem nas bacias de Irecê (BA) e do São Francisco.
- » **Formações Ferríferas Bandadas (FFB)** – Constituem a maior fonte de minério de ferro do planeta. Seus grandes depósitos estão confinados a um intervalo de tempo que vai de 3,8 a 1,9 bilhão de anos (Ba), e ocorrem na maioria dos escudos

pré-cambrianos do mundo. Apresentam alternância entre bandas de hematita ou magnetita e bandas ricas em *chert* ou quartzo. A ausência de sedimentos detríticos indica que o ferro e a sílica nelas presentes foram precipitados de soluções desses solutos na água dos oceanos. Os maiores depósitos de ferro em FFBs do mundo encontram-se na Serra de Carajás, no Pará, na Bacia de Hamersley (Austrália) e na região do Quadrilátero Ferrífero, no Estado de Minas Gerais.

» **Depósitos de plácer** – Resultam de reciclagem natural de antigos depósitos minerais. Podem ser classificados de acordo com sua origem: plácer residual, eluvial, fluvial, de leque aluvial, eólico, praial. Os depósitos mais ricos registrados no mundo são os paleopláceres da Bacia de Witwatersrand, na África do Sul. Tratam-se de conglomerados fluviais ricos em ouro nativo, depositados em leques aluviais cuja origem data de cerca de 2,7 Ba. Exemplos brasileiros de depósitos de plácer são: depósitos de diamante do Rio Jequitinhonha (MG), da região de Aragarças, em Barra do Garças (GO-MT), e de Poxoréu (MT); depósito de ouro aluvionar de Novo Planeta, em Floresta (MT), Rio Madeira (AM-RO) e Itaituba (PA) (Hasui et al., 2012).

6.4.2.3 Depósito magmático

Bettencourt e Moreschi (2001) comentam que, assim como as rochas, os depósitos magmáticos resultam da cristalização de magmas. Os depósitos formados durante a primeira fase de cristalização são chamados *ortomagmáticos* ou *sinmagmáticos* e estão associados a rochas ricas em olivina e piroxênio (dunito, peridotito, gabro).

No entanto, ocorrem também depósitos gerados na fase final da cristalização, os quais são conhecidos como *depósitos tardi-* e *pós-magmáticos*, de ocorrência frequente em rochas ricas em quartzo e feldspato (granito e granodiorito). Esses depósitos são agrupados em quatro classes principais (Hasui et al., 2012):

> » Depósitos de diferenciação magmática (cromo, elementos do grupo da platina – EGP –, titânio, ferro e fósforo): Quando minerais densos cristalizam precocemente durante o resfriamento de magmas plutônicos, eles descem e começam a se acumular no fundo da câmara magmática. Cromita ($FeCr_2O_4$) é uma das primeiras fases minerais a cristalizar a partir das fusões basálticas. Representantes de mineralizações magmáticas de cromita do tipo Bushveld encontradas no Brasil são os depósitos de Campo Formoso, Ipueira, Medrado e Pedra Preta (BA) e o depósito de Bacuri (AP). O único depósito brasileiro conhecido de EGP em cromititos é o complexo ultramáfico de Luanga, localizado na Serra de Carajás (PA).

> » Depósitos resultantes da imiscibilidade de líquidos (níquel, cobre, EGP): depósitos de liga Cu-Ni (cobre-níquel) podem se formar no final de um processo magmático conhecido como imiscibilidade de líquidos, que envolve a segregação e a separação de um líquido que contém sulfetos e é rico em metais pesados ferro (Fe), níquel (Ni) e cobre (Cu) a partir do magma parental. Os metais nobres platina (Pt), paládio (Pd), irídio (Ir), ródio (Rh), ósmio (Os) e rutênio (Ru), chamados elementos do grupo da platina (EGP), demonstram afinidade genética tanto com sulfetos, como a liga Ni-Cu, quanto com a cromita.

A produção mais significativa de EGP se encontra no Horizonte Merensky do Complexo Busheveld, África do Sul; há depósitos de Cu-Ni do Distrito de Noril'sk-Talnakh, Rússia; subprodutos de várias minas de Cu-Ni são localizados no distrito de Sudbury, Canadá. Depósitos desse tipo não foram encontrados em território brasileiro.

» Pegmatitos (berílio, lítio, boro, tântalo, nióbio, urânio e césio): Quando ocorre a cristalização fracionada de magmas graníticos, os elementos chamados incompatíveis (com dificuldade de se acomodar dentro dos retículos dos minerais) concentram-se na fusão residual, em conjunto com os minerais que cristalizam a temperaturas mais baixas. Na auréola ao redor do grande corpo granítico, formam-se então pegmatitos, que são rochas ígneas de granulação grosseira, extremamente ricas em elementos voláteis formados pela atividade magmato-hidrotermal tardia. Os pegmatitos são normalmente formados de quartzo, K-feldspatos e micas. Essas rochas são importantes porque geralmente contêm minerais de interesse econômico, como columbita e tantalita (ricos em elementos terras-raras – ETR), gemas (água-marinha, turmalina, topázio), lepidolita, ambligonita, espodumênio, zinnwaldita, petalita, pollucita (mineral de césio) e apatita. A Província Pegmatítica Oriental Brasileira (PPOB), localizada no limite entre Minas Gerais e Bahia, é a maior do tipo no mundo.

» Carbonatitos (nióbio, fósforo, titânio, ETR, urânio, tório, cobre, ferro, bário, flúor, zircônio): São rochas ígneas intrusivas ou extrusivas compostas por mais de 20% de carbonatos com presença subordinada de apatita, flogopita, natrolita, sodalita, savita, magnetita, barita, fluorita, e uma variedade de minerais exóticos como pirocloro e perovskita. Normalmente correm em chaminés e plugues, ou como diques, soleiras, brechas e veios e são quase exclusivamente associados com ambientes de riftes continentais de idade proterozoica ou fanerozoica.

O Brasil dispõe dos carbonatitos mais mineralizados do mundo, com destaque para o complexo intrusivo de Araxá (MG), o complexo de Catalão (GO) e o complexo de Tapira (MG) (Hasui et al., 2012).

6.4.2.4 Depósito hidrotermal

Conforme Bettencourt e Moreschi (2001), muitos dos mais ricos depósitos de minérios conhecidos cristalizaram-se a partir de soluções hidrotermais. Estas são soluções aquosas aquecidas, por vezes emanadas diretamente do magma de uma intrusão ígnea (em geral, com temperaturas superiores a 50 °C). São caracterizadas por uma composição química complexa, em razão da diversidade das substâncias nelas dissolvidas.

Ainda segundo Bettencourt e Moreschi (2001, p. 459), "[nos] diferentes ambientes geológicos, a água pode ser progressivamente aquecida e reagir quimicamente com minerais e rochas percolados, transformando-se em solução/fluido mineralizador".

O resfriamento dos fluidos precipita os constituintes do minério e forma depósitos, que podem se apresentar: em forma de folhas (tabular); em fraturas e em juntas, denominados *depósitos filonianos* ou simplesmente veios; e também em brechas, faixas cisalhadas, foliações etc., que servem de condutos para a circulação das soluções.

> [Esses] depósitos [...] constituem uma das mais importantes fontes comerciais de metais, que se expressam comumente na forma de sulfetos, tais como os de ferro (pirita), zinco (esfalerita), cobre (calcopirita), chumbo (galena), prata (argentita), mercúrio (cinábrio) e arsênio (realgar e arsenopirita). (Bettencourt; Moreschi, 2001, p. 460)

6.4.2.5 Depósito vulcano-sedimentar

De acordo com Bettencourt e Moreschi (2001), o depósito vulcano-sedimentar é resultante de atividade vulcânica que se realiza em conjunto com o processo sedimentar, por meio de fluidos e exalações de origem vulcânica que atingem o assoalho marinho no sítio deposicional. A descarga do fluido sobre o assoalho oceânico pode compor estruturas em forma de chaminé, como as fumarolas negras e brancas, constituídas por sulfatos e sulfetos precipitados ao entrarem em contato com a água do mar. "Os principais depósitos são de metais básicos (cobre, zinco, chumbo), níquel e ouro, correspondendo a importante parcela dos recursos mundiais" (Bettencourt; Moreschi, 2001, p. 460).

6.4.2.6 Depósito metamórfico

Bettencourt e Moreschi (2001) explicam que esses depósitos são resultado da recristalização de rochas ou minérios anteriormente existentes, gerada por pressão e temperatura elevadíssimas. Esse fenômeno ocasiona aumento da granulação e da cristalinidade das fases minerais iniciais, melhorando sua qualidade, ou seja, os aspectos que motivam sua utilização. "O mármore é o equivalente metamórfico de rochas sedimentares calcárias, e a grafita, de sedimentos carbonosos" (Bettencourt; Moreschi, 2001, p. 460).

6.4.3 Mineração

Quanto maior o teor de minério, ou seja, o grau de concentração de substâncias de interesse econômico nele presentes, mais valor é atribuído a um depósito mineral. Depósitos de baixo teor não são viáveis economicamente. Por esse motivo, é comum distinguir os depósitos que podem ser explorados com lucro referindo-se a eles como *jazidas minerais*, e empregar o termo *minério* para designar um corpo mineral do qual se pode extrair a substância de interesse econômico (Bettencourt; Moreschi, 2001).

Há duas classes de minérios: os **metálicos** e os **não metálicos**. Os primeiros, ao contrário dos segundos, são fontes de substância metálicas (cujas moléculas contêm átomos de elementos químicos da classe dos metais) ou têm em sua composição minerais úteis, de brilho metálico (Bettencourt; Moreschi, 2001).

Ainda segundo Bettencourt e Moreschi (2001), outro grupo mineral de grande interesse pela diversidade de suas aplicações são os chamados *minerais industriais* ou *rochas industriais*. Estes minérios, graças às suas qualidades físicas e químicas peculiares, têm aplicação direta pela indústria, sem que se faça necessário submetê-los a processos de refino que alterem suas propriedades originais. Trata-se de um grupo que tem amplo uso, por exemplo, nas indústrias de vidros, tintas, borrachas, abrasivos, eletroeletrônicos etc. Bettencourt e Moreschi (2001) fornecem alguns exemplos desse tipo de mineral, relacionando-os aos ramos de atividade humana em que são empregados com mais frequência:

- » fosforita e apatita (fertilizantes fosfatados);
- » silvita e carnalita (fertilizantes potássicos);
- » brita, calcário, quartzito, areia e cascalhos (construção civil);
- » argilas e magnesita (materiais cerâmicos e refratários);
- » caulim (papel);
- » amianto e mica (isolantes);
- » granito e mármore (rochas ornamentais);
- » argila e barita (perfuração de poços para petróleo e gás natural);
- » calcário, argila e gipsita (cimento).

Fique atento! O conjunto de operações realizadas para a retirada do minério dos depósitos minerais denomina-se *lavra*, e *mina* é o termo dado ao depósito mineral lavrado. Bettencourt e Moreschi (2001, p. 454) esclarecem que os garimpos também são jazidas minerais em lavra, embora geralmente não sejam, ao contrário das lavras industriais, submetidos a estudos preliminares à extração. Não obstante, são responsáveis pela extração de uma parcela expressiva da produção mundial de gemas e metais preciosos (e também de outros minérios de valor econômico), como diamantes, esmeraldas, topázios, minerais litiníferos (lítios), ouro e cassiterita.

Após a lavra ou o garimpo, os minérios são submetidos a vários processos industriais, denominados *tratamento* ou *beneficiamento*. Segundo os autores citados o beneficiamento consiste em dividir o minério bruto em duas frações: concentrado e rejeito. O primeiro é o produto que contém o teor mais elevado ou as qualidades mais aprimoradas do minério, enquanto o segundo é constituído quase totalmente de <u>minerais de ganga</u>, que geralmente são descartados (Bettencourt; Moreschi, 2001).

Para um aproveitamento mais eficaz da exploração mineral, existem fatores técnicos e econômicos importantes a serem considerados, tais como o teor e a composição mineral e química, cujo conhecimento é fundamental para que uma empresa de mineração tenha competitividade no que se refere a preços, demandas e ofertas.

Conforme Bettencourt e Moreschi (2001, p. 464-466):

> A quantidade de bens minerais produzida por uma nação é fundamental para o atendimento de suas necessidades internas e para a geração de divisas através da exportação. A razão produção/consumo, que pode ser expressa em porcentagem, permite qualificar os bens minerais de um país como excedente, suficiente ou insuficiente, embora a posição de um dado bem mineral possa variar no tempo entre essas três classes.

Bettencourt e Moreschi (2001) afirmam que atualmente, no Brasil, nióbio, ferro, bauxita, manganês, grafita, vermiculita, níquel, caulim, são exemplos de bens minerais excedentes. Já fosfato, potássio, enxofre, combustíveis fósseis e chumbo são bens minerais insuficientes e precisam ser importados para que a demanda interna seja suprida.

No entanto, mesmo num contexto em que há excedentes, precisamos refletir sobre a forma de exploração atualmente praticada pela sociedade, pois, diferentemente de outros recursos naturais (de origem animal ou vegetal, por exemplo), os recursos minerais não são renováveis. Tendo isso em conta, como a extração ocorre em velocidade muito maior do que a necessária para que eles se formem (que é da ordem de milhares ou milhões de anos), é importante enfatizarmos a necessidade premente de adotar uma postura mais racional diante da exploração de tais recursos, uma vez que as nações dependem dos materiais extraídos da Terra. Sem eles, não haveria pedras para a utilização em construções, fosfatos para a fabricação de fertilizantes, cimento para construção civil, argilas para as cerâmicas, areia para a fabricação de transístores de silício e cabos de fibra óptica e metais, usados para fabricar inúmeros utensílios e componentes industriais.

6.5 Recursos energéticos

Para explicarmos a temática ligada aos recursos energéticos é necessário contemplarmos a relação da civilização com os recursos minerais. Registros históricos, paleontológicos e antropológicos permitem supor que o ser humano já os utilizava na Pré-História: madeiras para a construção de casas e armas, e lenha para manter o fogo crepitando; lascas de quartzo para confeccionar seus instrumentos de caça ou de luta; argilas para modelar novos utensílios e recipientes e também para forjar metais. Hoje é consensual a noção de que, sem o domínio dos recursos minerais, a humanidade não teria subsidiado seu progressivo desenvolvimento tecnológico. Com o desenvolvimento das técnicas de manipulação desses materiais, o ser humano pôde transformar produtos minerais em bens manufaturados.

Do início da humanidade até a atualidade, grande variedade de minerais e rochas vem sendo usada em quantidades crescentes. As substâncias minerais, metálicas e não metálicas, os combustíveis fósseis e as pedras preciosas passaram a fazer parte do cotidiano das pessoas. O uso de tais matérias-primas resultou em bens e recursos que melhoraram a qualidade de vida e garantiram grande conforto às pessoas, mas que, por outro lado, tornam-nas absolutamente dependentes.

Nas seções seguintes, explicitaremos as especificidades de alguns recursos energéticos.

6.5.1 Os combustíveis fósseis

Press et al. (2006) afirmam que, há 150 anos, a maior parte da energia consumida pelos norte-americanos provinha da queima da madeira. Tecnicamente, o que se fazia era submeter a matéria orgânica a uma reação de combustão, da qual resultavam compostos de carbono e hidrogênio, com produção de calor. A matéria, nesse caso, era a madeira de árvores, as quais obtêm energia da luz do Sol, pelo processo de fotossíntese, convertendo o dióxido de carbono atmosférico e a água em carboidratos.

Os autores citados esclarecem que, quando se faz uso do carvão – que nada mais é que madeira soterrada, há 300 milhões de anos, e transformada em uma rocha combustível –, está-se utilizando energia armazenada por fotossíntese durante o Paleozoico Superior, ou seja, mediante esse processo recupera-se uma energia "fossilizada" (Press et al., 2006, p. 554).

Os mesmos autores acrescentam que

> o petróleo e o gás natural também foram criados por um processo de soterramento e de transformação química de matéria orgânica morta em um combustível líquido e um gás, respectivamente. Referimo-nos a todos esses recursos derivados de materiais orgânicos naturais, desde o carvão até o gás natural, como **combustíveis fósseis**. (Press et al., 2006, p. 554, grifo do original)

6.5.1.1 Petróleo e gás natural

Dos combustíveis fósseis, o gás natural e o petróleo, também chamado de *óleo cru*, são os mais importantes economicamente. Como esclarecem Press et al. (2006, p. 554), ambos "formam-se em condições ambientais e geológicas especiais. Ambos são antigos detritos de plantas, bactérias, algas e outros microrganismos que foram soterrados, transformados e preservados em sedimentos marinhos". O petróleo é uma substância oleosa, inflamável, com cheiro característico e, em geral, menos densa que a água e sua cor varia entre o negro e o castanho escuro.

Tanto o petróleo quanto o gás, segundo as explicações de Press et al. (2006, p. 554), "formam-se em locais onde a produção de matéria orgânica é maior que o total que é destruído por bactérias e por decaimento". Esses autores esclarecem que tal situação pode ocorrer em bacias costeiras, nas margens continentais, as quais apresentam alta produção de matéria orgânica e pouco oxigênio para a decomposição. Ao longo de milhões de anos, as temperaturas elevadas das áreas profundas da crosta e as reações químicas delas decorrentes, lentamente transformaram parte dessa matéria orgânica em compostos de hidrogênio e carbono (**hidrocarbonetos**), tanto líquidos quanto gasosos, os quais constituem os materiais combustíveis do petróleo e do gás natural.

> A compactação dos sedimentos orgânicos lamosos, que são as fontes de hidrocarbonetos, força os fluidos e os gases que as contêm a se deslocarem para as camadas de rochas permeáveis (como arenitos ou calcários porosos), que são denominadas de **reservatórios de petróleo**. A baixa densidade desses bens energéticos faz com que eles ascendam até [as camadas, onde] flutuam no topo da água que quase

sempre ocupa os poros das formações permeáveis. (Press et al., 2006, p. 554, grifo do original)

De acordo com Press et al. (2006) nos Estados Unidos, 31 estados produzem petróleo para o mercado, assim como muitas províncias canadenses. As regiões mais ricas em petróleo e, portanto, as mais importantes produtoras desse recurso natural são o Oriente Médio e a área em torno do Golfo do México e Caribe.

6.5.1.2 O carvão

Press et al. (2006, p. 558) explicam que o carvão "se forma a partir de vastas acumulações de materiais vegetais, como aquelas encontradas em pântanos". Os autores continuam sua explanação, afirmando que o rápido soterramento e a imersão na água evitam que a matéria vegetal seja totalmente decomposta pelas bactérias saprófitas; consequentemente, a vegetação morta acumula-se e é gradualmente transformada em **turfa** (massa marrom e porosa de matéria orgânica vegetal semidecomposta). Os autores complementam que, quando seca, a turfa queima com facilidade e que, com o passar do tempo, à medida que ela é soterrada, comprimida e aquecida, as transformações químicas a que é submetida aumentam ainda mais seu teor de carbono, transformando-a em **linhito** (um material bastante parecido com o carvão).

> As temperaturas mais altas e a deformação estrutural que ocorrem em níveis profundos podem metamorfizar o linhito em carvão sub-betuminoso e betuminoso, também denominado de **carvão macio** e, por fim, em **antracito** ou **carvão duro**. Quanto mais alto o metamorfismo, mais duro e brilhante será o carvão e maior seu teor de carbono, que aumenta

seu valor econômico. (Press et al. 2006, p. 559, grifo nosso e do original)

A quantidade de carvão existente no mundo é de cerca de 3,1 toneladas e os maiores produtores são os Estados Unidos, os países da ex-União Soviética e a China (Hasui et al., 2012).

6.6 Recursos minerais e sociedade sustentável

O Brasil importa e exporta produtos e matérias-primas de origem mineral, os quais, segundo sistematização proposta pelo Departamento Nacional da Produção Mineral (DNPM) podem ser agrupados em quatro classes que constituem o chamado *setor mineral*, conforme exposto no Quadro 6.1.

Quadro 6.1 - Classificação e exemplos de produção de origem mineral comercializados pelo Brasil

Classes	Produtos
Bens minerais primários	Minério bruto ou beneficiado (substância mineral). Minério de ferro (hematita). Concentrado de minério de cobre (calcopirita).
Semimanufaturados	Produtos da indústria de transformação mineral (ferroligas, cátodos de cobre).
Manufaturados	Produtos comerciais finais (tubo de aço, chapas de cobre).
Compostos químicos	Produtos específicos da indústria de transformação mineral da área química: óxido férrico, cloreto de cobre.

Fonte: Adaptada de Bettencourt; Moreschi, 2001, p. 467.

Segundo dados veiculados pelo Instituto Brasileiro de Geografia e Estatística (IBGE), em 2008, "o número total de empregos diretos no setor mineral é de 1,1 milhão, dos quais 903 mil na transformação mineral e 187 mil na mineração, o equivalente a 8% dos empregados da indústria" (IBGE, citado por Ludolf, 2012, p. 85). Ludolf (2012) afirma que, para cada emprego na extração mineral, quatro a cinco empregos diretos são gerados nas cadeias de transformação mineral a jusante, sem mencionar os empregos indiretos gerados pelas atividades econômicas que dependem da demanda da indústria mineral, como as de máquinas e equipamentos, de serviços em geral, incluindo os de consultoria de engenhara, de insumos materiais e energéticos, e do comércio.

Importante

O setor mineral compreende as etapas de geologia, mineração e transformação mineral e é a base para diversas cadeias produtivas. Participa com 4,2% do PIB e 20% do total das exportações brasileiras e gera 1 milhão de empregos diretos. O país destaca-se internacionalmente como produtor de nióbio, minério de ferro, bauxita, manganês e vários outros bens minerais.

O estilo de vida característico na sociedade contemporânea, o contínuo crescimento populacional e o aumento da demanda de consumo evidenciam a dependência das pessoas em relação aos bens minerais. Você pode pensar: "Será que somos tão dependentes assim?" Para responder a essa pergunta, examine o ambiente em que você se encontra e tente descrever a origem de tudo que o rodeia. Observe as estruturas físicas, os equipamentos, os móveis, os utensílios, os aparelhos eletroeletrônicos. A fabricação desses objetos envolve uma variedade de bens minerais de toda as classes (metais, não metais, combustíveis fósseis, metais preciosos, gemas etc.). A constatação de um quadro como esse ressalta a necessidade de repensar e aprimorar a política industrial brasileira.

Essa política adquire maior relevância ao se constatar o atual e o futuro contexto global, em que a interdependência e a competição entre as economias são crescentes. Isso significa que as políticas industriais para o setor mineral devem considerar que a produção doméstica estará sujeita à concorrência com produtos externos. (Brasil, 2011, p. 15)

Em fevereiro de 2011, o Ministério das Minas e Energia (MME) lançou o Plano Nacional de Mineração 2030 (PNM – 2030) que pode ser entendido como uma proposta de implantação das políticas do ministério que devem ser devidamente monitoradas (Brasil, 2011). O PNM – 2030 objetiva nortear as políticas de médio e longo prazos "que possam contribuir para que o setor mineral seja um alicerce para o desenvolvimento sustentável" (Brasil, 2011, p. 1) do país nos próximos 20 anos. No período de 1965 a 1994, o MME elaborou três planos para o setor mineral, sendo eles:

I. Plano Mestre Decenal para Avaliação dos Recursos Minerais do Brasil – I PMD (1965-1974).
II. Plano Decenal de Mineração – II PDM (1981-1990).
III. Plano Plurianual para o Desenvolvimento do Setor Mineral – PPDSM (1994). (Brasil, 2011, p. 1)

Portanto, é de suma importância que a administração do país tenha uma preocupação constante em promover permanentemente políticas e alterações na estrutura produtiva do setor mineral.

6.6.1 As atividades minerais e suas consequências ambientais

Evitar excessos de consumo é uma iniciativa cada vez mais necessária para preservar o suprimento de insumos minerais imprescindíveis à manutenção do desenvolvimento sustentável. Sob essa perspectiva, muitos metais vêm atualmente sendo obtidos mediante o emprego de técnicas de reciclagem de bens manufaturados sucateados; outros, mais escassos na natureza, podem ser substituídos por metais mais abundantes. Tais atitudes permitem preservar por maior tempo os recursos minerais, diminuindo, assim, o impacto que sua obtenção exerce sobre o meio ambiente (Teixeira et al., 2001).

Segundo Bacci, Landim e Eston (2006), os impactos ambientais negativos decorrentes da mineração estão associados, de modo geral, às diversas fases de exploração dos bens minerais, ou seja:

> à abertura da cava (retirada da vegetação, escavações, movimentação de terra e modificação da paisagem local), ao uso de explosivos no desmonte de rocha (sobrepressão atmosférica, vibração do terreno, ultralançamento de fragmentos, fumos, gases, poeira, ruído), ao transporte e beneficiamento do minério (geração de poeira e ruído), afetando os meios como água, solo e ar, além da população local.

Além disso, as atividades de mineração promovem alterações dos cursos d'água, aumentam o teor de material sedimentado em suspensão, provocam assoreamento e descaracterização do relevo, e causam alterações dos processos geológicos (erosão, voçorocas etc.).

Apesar desse cenário, a perspectiva é otimista. Cremos que a engenhosidade do ser humano levará ao surgimento de tecnologias mais sustentáveis, aplicáveis às suas diversas atividades, paralelamente ao crescimento contínuo da população. Em particular nas indústrias extrativa e de transformação mineral, tais inovações tecnológicas permitirão um melhor aproveitamento dos recursos já conhecidos, com o incremento da reciclagem de produtos manufaturados ou a viabilização de recursos marginalizados.

O Brasil, graças à sua geologia, com grande potencial para jazidas de petróleo, e à criatividade de seus geólogos, deve navegar com tranquilidade por esse período que certamente será turbulento. Nossas especificidades devem dar às autoridades do país tempo suficiente para planejar e implementar investimentos significativos na pesquisa direcionada à descoberta de energias alternativas ao petróleo, em quantidades comerciais e em condições benéficas para a sociedade e o meio ambiente.

Síntese

Neste capítulo abordamos, de forma geral, alguns conceitos básicos relativos aos recursos minerais, aos diferentes tipos de depósitos minerais e à forma como eles se consolidam. Em seguida, tratamos das substâncias minerais: metálicas, não metálicas e combustíveis fósseis. Descrevemos a origem do petróleo, do gás natural e do carvão mineral, bem como sua distribuição mundial. Em seguida, expusemos algumas especificidades do setor mineral, que compreende as etapas de geologia, mineração e transformação mineral, que são a base de diversas cadeias produtivas. Na sequência, advogamos a necessidade premente de desenvolver outros recursos energéticos que substituam o petróleo e que não causem danos ao meio ambiente. Enfatizamos também o grande desafio que é praticar a exploração mineral com responsabilidade e sustentabilidade, de forma a reduzir os impactos ecológicos ou, no melhor dos cenários, impedir a degradação do meio ambiente.

Atividades de autoavaliação

1. Analise as afirmações a seguir e classifique-as em verdadeiras (V) ou falsas (F):
   - ( ) A formação dos depósitos sedimentares decorre das alterações físicas e químicas sofridas pelas rochas submetidas ao intemperismo.
   - ( ) A formação de metais e minerais valiosos está vinculada a grandes processos geológicos de magmatismo, sedimentação, metamorfismo e deformação de rochas.
   - ( ) A gênese dos depósitos magmáticos depende da preexistência de uma rocha inalterada, parental ou rocha-mãe.
   - ( ) Os processos metalogenéticos compreendem mudanças químicas em decorrência das quais os elementos ou os compostos originalmente dispersos em grandes volumes de rochas foram concentrados em espaços menores, constituindo as zonas mineralizadas.
   - ( ) Os depósitos supérgenos são encontrados em dois grandes grupos: os detríticos e os químicos. Eles se formam graças ao transporte de substâncias pelos agentes geológicos superficiais e também em decorrência de deposição mecânica ou precipitação química de substancias transportadas em lagos, deltas, linhas costeiras, planícies de aluvião e plataformas continentais.

   Assinale a alternativa que indica a sequência correta:
   a) F, V, V, F, F.
   b) F, V, V, V, F.
   c) F, V, F, V, F.
   d) V, F, V, F, V.
   e) F, V, F, F, V.

2. Analise as afirmações a seguir e classifique-as em verdadeiras (V) ou falsas (F):
   ( ) Os recursos minerais são concentrações de materiais rochosos que têm aplicações econômicas para o ser humano.
   ( ) *Mina* é o nome dado ao depósito mineral que não pode ser explorado.
   ( ) O conjunto de operações realizadas para a retirada do minério dos depósitos minerais denomina-se *jazida*.
   ( ) Reservas são depósitos minerais já descobertos e que podem ser explorados economicamente de acordo com a lei.
   ( ) Os depósitos ricos em minerais, a partir dos quais podem ser extraídos metais de valor econômico, são denominados *minérios*.

   Assinale a alternativa que indica a sequência correta:
   a) V, V, V, F, F.
   b) V, F, F, V, F.
   c) F, F, V, V, F.
   d) V, F, F, V, V.
   e) F, V, F, F, V.

3. Sobre a produção mineral de uma nação, assinale a proposição **incorreta**:
   a) É fundamental somente para o atendimento de suas necessidades internas.
   b) No Brasil, atualmente, nióbio, ferro, bauxita, manganês, grafita, vermiculita, níquel, caulim, entre outros, são exemplos de bens minerais excedentes, já fosfato, potássio, enxofre, combustíveis fósseis e chumbo são bens minerais insuficientes, ou seja, que exigem importação para atender à demanda interna.
   c) Para um melhor aproveitamento da exploração mineral, existem fatores técnicos e econômicos importantes a

serem considerados: o teor, a composição mineral e química, adequando a extração conforme o mercado, o preço, a demanda e a oferta.

d) A razão produção/consumo permite qualificar os bens minerais de um país como *excedentes*, *suficientes* ou *insuficientes*.

e) Não há minerais de valor econômico relevantes no Brasil.

4. Sobre recursos energéticos, assinale a alternativa **incorreta**:
   a) Entre os combustíveis fósseis, o petróleo e o gás natural são os mais importantes economicamente.
   b) É provável que, sem os recursos minerais, a humanidade não teria como subsidiar seu crescente desenvolvimento tecnológico.
   c) O petróleo é um líquido oleoso, normalmente com densidade menor que a da água; varia entre o incolor, a cor preta, a verde e a marrom.
   d) As descobertas e o uso de técnicas modernas, algumas altamente refinadas, permitiram descobrir, obter e transformar bens minerais em bens manufaturados que tornaram a vida mais confortável.
   e) Quanto menos intenso o metamorfismo, mais duro e brilhante o carvão e maior seu teor de carbono, o que aumenta seu valor econômico.

5. Analise as afirmações a seguir e indique se são verdadeiras (V) ou falsas (F):
   ( ) Evitar o consumo excessivo é uma iniciativa necessária para garantir o suprimento de insumos minerais.
   ( ) A exploração mineral é uma atividade não sustentável, pois o contingente extraído não será reposto.

( ) A exploração do carvão mineral envolve a remoção, o transporte e o beneficiamento de grandes volumes de massa, o que modifica o ambiente.

( ) Os combustíveis fósseis, que agravam os problemas referentes ao efeito estufa, incluem o petróleo e seus derivados, o carvão mineral e o gás natural, todos formados pela decomposição de organismos vivos.

( ) Não há motivo para cessar a exploração mineral, uma vez que seus produtos são de grande importância para a sociedade.

Assinale a alternativa que indica a sequência correta de preenchimento:

a) F, V, V, V, V.
b) F, V, V, V, F.
c) V, V, F, V, V.
d) V, V, V, F, V.
e) V, V, V, V, F.

Atividades de aprendizagem

Questões para reflexão

1. Com base nas propostas e estudos atuais sobre a exploração dos bens minerais como recursos energéticos e sua importância para a manutenção do estilo de vida da sociedade atual, qual seria a principal fonte de energia a ser utilizada em 2050 e no ano 3000?

2. Explique a seguinte afirmação: "o aumento da conservação é a fonte de energia mais barata".

Atividade aplicada: prática

Suponha que o mapeamento mineral de sua cidade tenha permitido identificar uma grande jazida. Essa área está localizada em uma serra com ecossistema preservado e riqueza de nascentes que alimentam os mananciais de captação de água para o abastecimento local.

Busque informações adicionais sobre o Plano Mineração – 2030, proposta para implantação das políticas do Ministério de Minas e Energia, que devem ser devidamente monitoradas. Analise a importância e a necessidade dos recursos minerais para o desenvolvimento da sociedade e faça um relatório sobre as vantagens e as desvantagens da exploração mineral na referida área, bem como os efeitos ambientais associados às diversas fases de exploração dos bens minerais.

Indicações culturais

Caso queira se aprofundar nos temas analisados neste capítulo, recomendamos as seguintes leituras:

SILVA, R. E. C.; MARGUERON, C. Estudo ambiental de uma pedreira de rocha ornamental no município de Santo Antônio de Pádua - Rio de Janeiro. **Anuário do Instituto de Geociências**, v. 25, 2002. Disponível em: <http://www.anuario.igeo.ufrj.br/anuario_2002/vol25_151_171.pdf>. Acesso em: 28 nov. 2016.

THE NATIONAL ACADEMIES OF SCIENCES, ENGINEERING, AND MEDICINE. Disponível em: <http://www.nas.edu/>. Acesso em: 21 nov. 2016.

Considerações finais

A educação é um processo de conscientização, ensino e aprendizagem, que possibilita às pessoas o acesso a instrumentos culturais, sociais, econômicos e ambientais para desenvolvimento individual e coletivo, de modo que todos sejam capazes de conviver com as mudanças e as incertezas.

O professor de Geografia deve ter um bom domínio dos conhecimentos científicos específicos de sua área. No entanto, sua formação ultrapassa, de forma clara, a apropriação desses saberes e a das técnicas de ensino. A formação inicial deve colocar futuros docentes de Geografia em contato com situações-problema, indutoras de uma atitude reflexiva e valorizadora dos contextos sociais e pessoais na produção geográfica.

Para ensinar o contexto, o educador precisa conhecê-lo. Assim, a formação do educador requer a compreensão do texto a ser alcançado por sua leitura crítica, ou seja, implica a percepção das relações entre o texto e o contexto. Portanto, o processo de educação diz respeito ao conhecimento elaborado, e não só ao espontâneo; ao saber sistematizado, e não ao fragmentado; à cultura erudita, e não só à popular.

Apresentamos nesta obra uma introdução acerca da dinâmica natural do planeta Terra. Abordamos conceitos básicos das ciências geológicas e pedológicas voltados às necessidades do estudante universitário do curso de licenciatura em Geografia, podendo ser consultado por profissionais de áreas afins ou pelo público em geral interessado em compreender como o planeta se formou e como ele funciona.

Glossário

Andesito: Tipo de rocha vulcânica de composição intermediária entre um riolito e um basalto; extrusiva equivalente ao diorito.

Arco de ilha: Arquipélago em forma de faixa ou cinturão semicircular resultado de um processo em que uma placa tectônica oceânica encontra-se com outra e mergulha sob ela, provocando a extrusão de magma.

Arcose: Mistura de grãos de quartzo e feldspato.

Canga: Esse termo brasileiro designa "brecha ferruginosa de formação superficial, constituída de fragmentos de hematita compacta, ou de placas de itabirito alterado, cimentados por goethita (são distintas as cangas hematíticas, com 62 a 66% de ferro, e as cangas limoníticas, com 55 a 62% de Fe"; ou "rocha limonítica formada pela concentração superficial ou subsuperficial de hidróxido de ferro migrado das rochas subjacentes, com 45 a 55% de Fe" (Mineropar, 2016).

Chert: Tipo de rocha sílica, cujos cristais de quartzo são de tamanho submicroscópico (Unesp, 2016a).

Crátons: São estruturas geológicas de formação muito antiga (Pré-Cambriano) e grande estabilidade. Compõem as placas continentais.

Dunito: Peridotito formado basicamente por olivina e pequena quantidade de espinélio cromífero.

Eclogito: Rocha metamórfica formada em pressões demasiadamente altas e temperaturas de moderadas a altas (Press et al., 2006).

Empacotamento: Maneira como os cristais ou grãos de minerais estão dispostos ou arranjados na estrutura de uma rocha. O empacotamento determina certas características da rocha, como porosidade ou "abertura": rochas de empacotamento cúbico costumam ser mais "abertas", enquanto as de empacotamento romboédrico, são geralmente mais "fechadas".

Espodossolo: Classe de solo definida pela presença de horizonte diagnóstico B espódico em sequência ao horizonte E (álbico ou não) ou ao horizonte A, conforme critérios dlo SiBCS (Embrapa, 2006).

Estromatólito: Estrutura sedimentar biogênica produzida por microorganismos (em sua maioria, cianobactérias fotossintetizantes) capazes de formar películas que retêm o lodo do solo marinho.

Folhelho: Rocha sedimentar argilosa normalmente localizada sem situações de perfuração de poços de óleo e de gás. Mais de 75% das formações perfuradas são compostas por esse tipo de rocha, o qual também é o maior fator de instabilidade de poços de petróleo (Unesp, 2016b).

Gabro: Rocha intrusiva de coloração escura e estrutura granular; composta basicamente de plagioclásio, piroxênio e anfibólio.

Ganga: Termo que designa a "parte não aproveitável de uma jazida mineral. Designação aplicada sobretudo no caso de minérios metálicos" (Mineropar, 2016).

Gleissolo: Solo hidromórfico (saturado em água), rico em matéria orgânica, com forte redução dos compostos de ferro.

Hipocentro: Ponto de origem de um terremoto, no interior da crosta terrestre.

Intrusão: Processo pelo qual a massa magmática eruptiva se introduz em meio a rochas preexistentes e ali se solidifica e se cristaliza.

Laterítica: Deriva de *laterita*, termo usado em referência a depósitos residuais endurecidos provenientes de materiais superficiais em alteração, localizados em diversas posições do relevo. Há ainda um significativo número de pesquisadores, normalmente vinculados à geomorfologia, que os corpos lateríticos – a saber: nódulos, concreções, blocos gigantescos, "piçarras", carapaças e couraças – à evolução do relevo (Espindola; Daniel, 2008).

Loess: Trata-se de um termo derivado do alemão (löß), que significa "solto", "fofo", "inconsolidado" e diz respeito a espesso pacote de sedimentos finos (fração argila e silte); depósito eólico distal, pouco ou não estratificado, de frações finas (0,015 a 0,05 mm de diâmetro) que passaram por deflação e acumularam-se (CPRM, 2016).

Máfico: Denominação genérica atribuída a minerais ou rochas ígneas relativamente ricas em elementos químicos pesados e pobres em sílica.

Mergulho: Ângulo de inclinação de uma camada de rocha em relação ao horizonte.

Minerais de canga: "Recobrem os depósitos minerais formados pela oxidação ou laterização superficial; dominam os hidróxidos e óxidos de Fe, Al e Mn" (Machado, 2017).

Neossolo: Apresenta pouco desenvolvimento pedogenético; caracteriza-se pela pouca profundidade (rasos), ou pela predominância de areias quartzosas ou ainda por camadas distintas herdadas dos materiais de origem. Tais aspectos indicam escasso desenvolvimento do solo *in situ* em decorrência de condições de baixa profundidade.

Palustre: Refere-se a paul (do latim *palus*, *-udis*, cujos significados podem ser "brejo", "mangue", "charco"). Trata-se de frágil ecossistema de zona úmida em que ocorre acúmulo gradativo de turfa e significativa quantia de matéria orgânica vegetal. Nele, há mais síntese do que degradação de matéria orgânica, a despeito da emissão de metano.

Peridotito: Rocha ígnea ultramáfica intrusiva, de granulação grossa, composta de olivina e de pequena quantidade de piroxênios e anfibólios. É a rocha predominante do manto e também fonte das rochas basálticas formadas nas dorsais mesoceânicas (Press et al., 2006).

Plagioclásio: Refere-se ao grupo de minerais, representantes de uma solução sólida, cuja fórmula geral, $(Ca, Na) Al (Al, Si) Si_2O_8$, é constituída por albita, oligoclásio, andesina, labradorita, bytownita e anortita. Trata-se da série mais frequente dos minerais. Os plagioclásios de alta temperatura ocorrem em algumas rochas vulcânicas, ao passo que a série da albita-anortita de baixa temperatura ocorre na maioria das rochas plutônicas. É frequente nas rochas metamórficas e vulgar em sedimentos, seja na forma de minerais primários, seja em autígenos (Machado, 2016).

Plintossolo: Trata-se de solo com significativa plintização, segregação e concentração localizada de ferro.

Relicto: Trata-se do ser (animal ou planta) que se sabe ter existido com a mesma forma em épocas geológicas longínquas; elemento geológico cuja forma primitiva foi mantida (Relicto, 2016).

Rifte: Termo originário do inglês *rift*. Trata-se de fraturas longas e profundas da crosta terrestre, associadas a um afastamento, em direções opostas, da superfície adjacente. Como resultado desse afastamento, verifica-se a formação de zonas de abatimento, que se prolongam linearmente por muitos quilômetros.

Rochas ultrabásicas: Aquelas em que o baixo teor de silício é equilibrado pelo aumento relativo de outros elementos (ferro, magnésio ou cálcio, por exemplo).

Rochas ultramáficas: Rochas cujo teor de sílica é inferior a 45%.

Subductante: Placa oceânica que passa por processo de subducção, ou seja, aquela que, em um limite convergente de placas, afunda sob outra placa tectônica.

Subsidência: Abatimento abrupto ou gradual de uma superfície rochosa, com movimento horizontal reduzido ou nulo.

Referências

ALBUQUERQUE, M. A. M.; BIGOTTO, J. F.; VITELO, M. A. **Geografia:** sociedade e cotidiano. 2. ed. São Paulo: Escala, 2010. v. 1.

ALMEIDA, F. F. M. **Origem e evolução da plataforma brasileira.** Rio de Janeiro: DNPM/DGM, 1967. Boletim 241.

ALMEIDA, F. F. M. et al. Províncias estruturais brasileiras. In: SIMPÓSIO DE GEOLOGIA DO NORDESTE, 8., Campina Grande. **Atas...** Campina Grande: SBG/NE, 1977. p. 363-391.

BACCI, D. de La C.; LANDIM, P. M. B.; ESTON, S. M. Aspectos e impactos ambientais de pedreira em área urbana. **REM**, Ouro Preto, v. 59, n. 1, p. 47-54, jan./mar. 2006. Disponível em: <http://www.scielo.br/pdf/rem/v59n1/a007.pdf>. Acesso em: 31 mar. 2017.

BAILEY, S. W. Summary of recommendations of AIPEA nomenclature committee on clay minerals. **American Mineralogist**, v. 65, p. 1-7, 1980. Disponível em: <http://nrmima.nrm.se/clays.pdf>. Acesso em: 31 mar. 2017.

BAYER, C., L. et al. Changes in Soil Organic Matter Fractions under Subtropical no-till Cropping System. **Soil Science Society of America Journal**, n. 65, p. 1473-1478, 2001.

BETTENCOURT, J. S.; MORESCHI, J. B. Recursos minerais. In: TEIXEIRA, W. et al. **Decifrando a Terra**. São Paulo: Oficina de Textos, 2001. p. 445-470.

BIZZI, L. A. et al. (Ed.). **Geologia, tectônica e recursos minerais do Brasil:** texto, mapas & SIG. Brasília: CPRM – Serviço Geológico do Brasil, 2003.

BOMBIN, M; KLAMT, E. Evidências paleoclimáticas em solos do Rio Grande do Sul. **Comunicações do Museu de Ciências da PUCRS**, Porto Alegre, v. 13, p. 183-193, 1975.

BRADLEY, W. F. The Structural Scheme of Attapulgite. **American Mineralogist**, v. 25, n. 6, p. 405, 1940.

BRADY, N. C.; WEIL, R. R. **The Nature and Properties of Soils.** 11. ed. New Jersey: Pearson, 1996.

BRASIL. Ministério de Minas e Energia. Secretaria de Geologia, Mineração e Transformação Mineral. **Plano Nacional de Mineração 2030**. Brasília, 2011. Disponível em: <http://www.agp.org.br/wp-content/uploads/2011/06/planoNacionalMinera.pdf>. Acesso em: 21 nov. 2016.

BRITO NEVES, B. B. de. Crátons e faixas móveis. **Boletim IG-USP**,

Série Didática, São Paulo, n. 7, 1995. Disponível em: <http://www.journals.usp.br/bigsd/article/download/45352/48964>. Acesso em: 31 mar. 2017.

BUOL, S. W. et al. **Soil Genesis and Classification**. Ames: Iowa State University, 1973.

BUOL, S. W. et al. **Soil Genesis and Classification**. 4. ed. Ames: Iowa State University, 1997.

CORDANI, U. G. O planeta Terra e suas origens. In: TEIXEIRA, W. et al. **Decifrando a Terra**. São Paulo: Oficina de Textos, 2001. p. 1-26.

COSTA, A. O. L. da; GODOY, H. Contribuição para o conhecimento do clima do solo de Ribeirão Preto. **Bragantia**, v. 21, p. 689-742, 1962. Disponível em: <http://www.scielo.br/scielo.php?script=sci_arttext&pid=S0006-87051962000100040>. Acesso em: 31 mar. 2017.

COULOMBE, C. E.; WILDING, L. P.; DIXON, J. B. Overview of vertisols: characteristics and impacts on society. **Advances in Agronomy**, New York, v. 57, p. 289-375, 1996.

CPRM - Serviço Geológico do Brasil. Comissão Brasileira de Sítios Geológicos e Paleobiológicos. **Loess**. Disponível em: <http://sigep.cprm.gov.br/glossario/verbete/loess.htm>. Acesso em: 22 nov. 2016.

CURI, N. et al. **Vocabulário da ciência do solo**. Campinas: SBCS, 1993.

DAWSON, J. B. et al. Introduction. In: DAWSON, J. B. et al. (Ed.) **The Nature of the Lower Continental Crust**. London: Blackwell Scientific Publications, 1986. p. vii-viii. (Geological Society Special Publication n. 24).

DEMATTÊ, J. L. I.; MONIZ, A. C.; PESSOTI, J. E. S. Solos originados de sedimentos do Grupo Estrada Nova: Município de Piracicaba - I. Análise granulométrica quantitativa da fração argila. **Revista Brasileira de Ciência do Solo**, Viçosa, v. 1, p. 43-47, 1977.

DIAS, V. Pesquisa apresenta o mapeamento do solo de Curitiba visando ao planejamento subterrâneo. **Agência de Notícias USP**, 12 dez. 2002. Disponível em: <http://www.usp.br/agen/repgs/2002/imprs/318.htm>. Acesso em: 22 nov. 2016.

DIJKERMAN J. C. Pedology as a Science: The Role of Data, Models, and Theories in the Study of Natural Soil Systems. **Geoderma**, London, v. 11, n. 2, p. 73-93, mar. 1974.

DIXON, J. B. Kaolin and Serpentine Group Minerals. In: DIXON, J. B.; WEED, S. B. (Ed.). **Minerals in Soil Environments**: 2. ed. Madison: SSSA, 1989.

DOKUCHAEV, V. V. Russian Chernozem. In: DOKUCHAEV, V. V. **Collected Writings**. Jerusalém: Israel Program for Scientific Translations, 1967, v. 3.

DOUGLAS, L. A. Vermiculite. In: DIXON, J. B.; WEED, S. B. (Ed.). **Minerals in Soil Envinronments**. Madison: SSSA, 1989. p. 635-668.

DOUGLAS, M. C.; WILSON, J. J. Interlayer and Intercalation Complexes of Clay Minerals. In: BRINDLEY, G. W.; BROWN, G. (Ed.). **Crystal Structures of Clay Minerals and their X-ray Identification**. London: Mineralogical Society, 1980. p. 197-248.

EMBRAPA. Centro Nacional de Pesquisa de Solos. **Sistema brasileiro de classificação de solos**. 2. ed. Rio de Janeiro : EMBRAPA-SPI, 2006.

ESPINDOLA, C. R.; DANIEL, L.A. Laterita e solos lateríticos no Brasil. **Boletim Técnico da FATEC-SP**, BT 24, p. 21-24, 2008. Disponível em: <http://bt.fatecsp.br/system/articles/724/original/004.pdf>. Acesso em 22 nov. 2016.

FAIRCHILD, T. S.; TEIXEIRA, W.; BABINSKI, M. Em busca do passado: tempo geológico. In: TEIXEIRA, W. et al. **Decifrando a Terra**. São Paulo: Oficina de Textos, 2001. p. 305-326.

FANNING, D. S.; FANNING, M-C. B. **Soil**: Morphology, Genesis, and Classification. New York: John Wiley and Sons, 1989.

FERREIRA, M. M.; FERNANDES, B.; CURI, N. Mineralogia da fração argila e estrutura de Latossolos da região Sudeste do Brasil. **Revista Brasileira de Ciência do Solo**, Viçosa, n. 23, p. 507-514, 1999. Disponível em: <http://www.scielo.br/pdf/rbcs/v23n3/03.pdf>. Acesso em: 31 mar. 2017.

GONÇALVES, J. L. M.; STAPE, J. L. (Ed.). **Conservação e cultivo de solos para plantações florestais**. Piracicaba: Instituto de Pesquisas Florestais, 2002.

GRADSTEIN, F. M.; OGG, J. G.; SMITH, A. G. (Ed.). **A Geologic Time Scale 2004**. Cambridge: Cambridge University Press, 2005.

GRIM, R. E. **Clay Mineralogy**. 2nd. ed. New York: McGraw-Hill, 1968.

GROVES D. I.; BIERLEIN, F. P. Geodynamic Setting of Mineral Deposit Systems. **Journal of the Geological Society**, n. 146, p. 19-30, 2007. Disponível em: <http://jgs.geoscienceworld.org/content/164/1/19>. Acesso em: 31 mar. 2017.

GUERNER DIAS, A. et al. **Biologia e geologia**: 11º ano. Lisboa: Areal, 2015.

HASUI, Y. et al. (Org.). **Geologia do Brasil**. São Paulo: Beca, 2012.

ICS - International Commission on Stratigraphy. Disponível em: <http://www.stratigraphy.org/>. Acesso em: 14 fev. 2017a.

ICS - International Commission on Stratigraphy. Subcommission on Quaternary Stratigraphy. Working Group on the 'Anthropocene'. **What is the 'Anthropocene'?** - current definition and status. Disponível em: <https://quaternary.stratigraphy.org/workinggroups/anthropocene/>. Acesso em: 14 fev. 2017b.

IUGS - International Union Of Geological Sciences. International Commission on Stratigraphy. **International Chronostratigraphic Chart**. versão 2015/01. Disponível em: <http://www.stratigraphy.org/ICSchart/ChronostratChart2015-01.pdf>. Acesso em: 22 nov. 2016.

JENNY, H. **The Soil Resource**: Origin and Behavior. New York: Springer-Verlag, 1980.

JOHNSTON, J.; NEWTON, J. **Building Green**: a Guide for Using Plants on Roofs, Walls and Pavements. London: Ecology Unit, 1996.

JOHNSTON, C.; TOMBÁCZ, E. Surface Chemistry of Soil Minerals. In: DIXON, J. B.; SCHULZE, D. G. **Soil Mineralogy with Environmental Application**. Madison: SSSA, 2002. p. 37-65.

KÄMPF, N. **Die eisenoxid Mineralogie einer Klimasequenz von böden aus eruptiva in Rio Grande do Sul, Brazilien**. 217 f. Tese (Doutorado) - Technischen Universität München, Freising, 1981.

KÄMPF, N.; CURI, N. Formação e evolução do solo (pedogênese). In: KER, J. C. et al. (Ed.). **Pedologia**: Fundamentos. Viçosa: Sociedade Brasileira de Ciência do Solo, 2012.

KÄMPF, N.; KLAMT, E. Mineralogia e gênese de latossolos (oxisols) e solos podzólicos da região noroeste do Planalto Sul-Riograndense. **Revista Brasileira de Ciência do Solo**, Viçosa, v. 2, p. 68-73, 1978.

KEAREY, P.; KLEPEIS, K. A.; VINE, F. J. **Global Tectonics**. 3. ed. Hoboken, New Jersey: Wiley-Blackwell, 2009.

KER, J. C. et al. (Ed.). **Pedologia**: fundamentos. Viçosa: Sociedade Brasileira de Ciência do Solo, 2012.

KLEIN, C.; HURLBUT JR., C. S. **Manual of Mineralogy**. 21. ed. New York, Chichester, Brisbane, Toronto, Singapore: John Wiley's Sons, 1993.

LEPSCH, I. F. **19 lições de pedologia**. São Paulo: Oficina de Textos, 2011.

LEPSCH, I. F. **Formação e conservação dos solos**. São Paulo: Oficina de Textos, 2002.

LEPSCH, I. F.; BUOL, S. W. Investigations in an Oxisol-Ultisol Toposequence in S. Paulo State, Brazil. **Soil Science Society of America Journal**, Madison, v. 38, n. 3, p. 491-496, 1974.

LEPSCH, I. F.; BUOL, S. W.; DANIELS, R. B. Soil Landscape Relationships in the Occidental Plateau of São Paulo, Brazil: I Geomorphic Surfaces and Soil Mapping Units. **Soil Science Society of America Journal**, Madison, v. 41, n. 1, p. 104-109, 1977a.

LIMA, V. C. **Fundamentos de pedologia**. Curitiba: Ed. da UFPR, 2001.

LIMA, V. C.; LIMA, M. R.; MELO, V. F. (Ed.). **O solo no meio ambiente**: abordagem para professores do ensino fundamental e médio e alunos do ensino médio. Curitiba: UFPR/Departamento de Solos e Engenharia Agrícola, 2007.

LUDOLF, R. O. **O mapa da mina**: o tesouro e a sociedade. 112 f. Dissertação (Mestrado em Desenvolvimento Regional e Urbano) – Universidade Salvador, Salvador 2012.

LUZ, L. R. Q. P.; SANTOS, M. C. D.; MERMUT, A. R. Pedogênese em uma topossequência do semi-árido de Pernambuco. **Revista Brasileira de Ciência do Solo**, Viçosa, v. 16, n. 1, p. 95-102, 1992.

MACHADO, F. B. **Grupo do plagioclásio**. Disponível em: <http://www.rc.unesp.br/museudpm/banco/silicatos/tectossilicatos/fplagioclasio.html>. Acesso em: 22 nov. 2016.

MACHADO, F. B. Minerais de canga. **Introdução para o banco de dados de minerais**. Disponível em: <http://www.rc.unesp.br/museudpm/banco/introducao.html>. Acesso em: 31 mar. 2017.

MacKINTOSH, E. E.; LEWIS, D. G. Displacement of Potassium from Micas by Dodecylammonium Chloride. In: INTERNATIONAL CONGRESS SOIL SCIENCE, 9., 1968, Adelaide, Australia. **Transactions...**, Sidney: International Congress of Soil Science, p. 695-703, v. 2.

MADUREIRA FILHO, J. B.; ATENCIO, D.; MACREATH, I. Minerais e rochas: constituintes da Terra sólida. In: TEIXEIRA, W. et al. **Decifrando a Terra**. São Paulo: Oficina de Textos, 2001. p. 28-42.

MELO, V. F. et al. Características dos óxidos de ferro e de alumínio de diferentes classes de solos. **Revista Brasileira de Ciência do Solo**, Viçosa, v. 25, n. 1, p. 19-32, 2001. Disponível em: <http://www.scielo.br/pdf/rbcs/v25n1/03.pdf>. Acesso em 31 mar. 2017.

MESTDAGH, M. M.; VIELVOYE, L.; HERBILLON, A. J. Iron in kaolinite: II. The relationship between kaolinite crystallinity and iron content. **Clay Miner.**, v. 15, p. 1-13, 1980. Disponível em: <http://www.minersoc.org/pages/Archive-CM/Volume_15/15-1-1.pdf>. Acesso em: 31 mar. 2017.

MIFSUD, A.; RAUTUREAU, M.; FORNES, V. Etude de l'eau dans la palygorskite à l'aide des analyses thermiques. **Clay Miner**, v. 13, n. 4, p. 367-374, Dec. 1978.

MINEROPAR - Serviço de Mineração do Paraná. Glossário. **Instituto de Terras, Cartografia e Geologia do Paraná**. Disponível em: <http://www.mineropar.pr.gov.br/modules/glossario/conteudo.php?conteudo=M>. Acesso em: 22 nov. 2016.

MOHRIAK, W. U. Bacias sedimentares da margem continental brasileira. In: BIZZI, L. A. et al. (Ed.). **Geologia, tectônica e recursos minerais do Brasil**: texto, mapas & SIG. Brasília: CPRM – Serviço Geológico do Brasil, 2003. p. 87-165.

MONIZ, A. C.; JACKSON, M. L. Quantitative Mineralogical Analysis of Brazilians Soils Developed from Basic Rocks and Slate. **Soil Science Report 212**, Wisconsin, 1967.

MUHS, D. R. A Soil Chronosequence on Quaternary Marine Terraces, San Clemente. Island, Califórnia. **Geoderma**, v. 28, n. 3-4, p. 257-283, Dec. 1982.

NETEXXPLICA.COM. **Datação absoluta**. Disponível em: <http://www.netxplica.com/manual.virtual/exercicios/geo10/10.GEO.datacao.absoluta.htm>. Acesso em: 19 nov. 2016.

NIKIFOROFF, C. C. Classificação morfológica da estrutura do solo. **Soil Science**, v. 52, n. 3, p. 193-212, set. 1941.

OGG, J. G.; OGG, G.; GRADSTEIN, F. M. **A Concise Geologic Time Scale**. Cambridge: Cambridge University Press, 2008.

PACCA, I.; MCREATH, I. A composição e o calor da Terra. In: TEIXEIRA, W. et al. **Decifrando a Terra**. São Paulo: Oficina de Textos, 2001. p. 83-96.

PALMIERI, F. **A Study of a Climosequence of Soils Derived from Volcanic Rock Parent Material in Santa Catarina and Rio Grande do Sul States, Brazil**. 259 f. Tese (Doutorado), West Lafayette, Purdue University, Indiana, 1986.

PÖTTER, R. O.; KÄMPF, N. Argilominerais e óxidos de ferro em cambissolos e latossolos sob regime climático térmico údico do Rio Grande do Sul. **Revista Brasileira de Ciência do Solo**, Viçosa, v. 5, p. 153-159, 1981.

PRESS, F. et al. **Para entender a Terra**. 4. ed. Porto Alegre: Bookman, 2006.

RELICTO. In: **Infopedia**: dicionários. Porto Editora. Disponível em: <http://www.infopedia.pt/dicionarios/lingua-portuguesa/relicto>. Acesso em: 22 nov. 2016.

RESENDE, M. et al. **Pedologia**: base para distinção de ambientes. 4. ed. Viçosa: Neput, 2002.

REX, R. W. et al. Eolian Origin of Quartz in Soils of Hawaiian Islands and in Pacific Pelagic Sediments. **Science**, v. 163, n. 3864, p. 277-279, Jan. 1969.

RIBEIRO, A.; et al., Allochthonous Sequences Structure in the Northwest of the Iberian Peninsula. In: DALLMEYER, R. D.; MARTÍNEZ GARCÍA, E. (Ed.). **Pre-Mesozoic Geology of Iberia**. Berlim: Springer-Verlag, 1990. p. 220-236.

RUHE, R. V.; WALKER, P. H. Hillslope Models in Soil Formation I. Open Systems. In: INTERNATIONAL CONGRES SOIL SCIENCE, 9., Adelaide, Australia, 1968. **Transactions**, v. 4, p. 551-560.

SALGADO-LABOURIAU, S. M. L. **História ecológica da Terra**. São Paulo: Edgar Blücher, 1996.

SANTOS, J. O. S. Geotectônica dos Escudos das Guianas e Brasil-Central. In: BIZZI, L. A. et al. (Org.). **Geologia, tectônica e recursos minerais do Brasil**: texto, mapas & SIG. Brasília: CPRM – Serviço Geológico do Brasil, 2003. p. 169-226.

SANTOS, P.S. **Ciência e tecnologia de argilas**. 2. ed. rev. e ampl. São Paulo: Edgar Blucher. 1989, v. 1.

SCHAETZEL, R.; ANDERSON, S. **Soils**: Genesis and Geomorphology. Cambridge: Cambridge Press, 2005.

SCHOBBENHAUS, C. et al. **Geologia do Brasil**: texto explicativo do mapa geológico do Brasil e da área oceânica adjacente incluindo depósitos minerais. Escala 1:2.500.000. Brasília: DNPM, 1984. p. 93-127.

SCHOBBENHAUS, C.; BRITO NEVES, B. B. de. A Geologia do Brasil no contexto da Plataforma Sul-Americana. In: BIZZI, L. A. et al. (Org.). **Geologia, tectônica e recursos minerais do Brasil**: texto, mapas & SIG. Brasília: CPRM – Serviço Geológico do Brasil, 2003. p. 5-55.

SCHOENEBERGER, P. J. et al. **Field Book from Describing and Sampling Soils**: Version 1.1. Lincoln: United States Department of Agriculture Natural Resources Conservation Service, 1998.

SCOTESE, C. R. **Paleomap Project**. Disponível em: <http://www.scotese.com/earth.htm>. Acesso em: 6 fev. 2017.

SIMONSON, R. W. Outline of a Generalized Theory of Soil Genesis. **Soil Science Society of America Journal**, Madison, v. 23, n. 2, p. 152-156, Jan. 1959. Disponível em: <http://nature.berkeley.edu/classes/espm-120/Website/Simonson1959.pdf>. Acesso em: 31 mar. 2017.

SOIL SURVEY DIVISION STAFF. **Soil Survey Manual**. Washington, DC: USDA, 1993. Disponível em: <https://www.nrcs.usda.gov/wps/portal/nrcs/detail/soils/ref/?cid=nrcs142p2_054262>. Acesso em: 31 mar. 2017.

SPOSITO, G., REGINATO, R. J. **Opportunities in Basic Soil Science Research**. Madison: SSSA, 1992. Disponível em: <https://dl.sciencesocieties.org/publications/books/tocs/acsesspublicati/opportunitiesin>. Acesso em: 31 mar. 2017.

STAMMEL, J. G. Desenvolvimento sustentável do Pampa. In: ALVAREZ, V. H.; FONTES, M. P.; FONTES, M. P. F. **O solo nos grandes domínios morfoclimáticos do Brasil e o desenvolvimento sustentado**. Viçosa: UFV, 1996. p. 325-333.

TARDY, Y.; NAHON, D. B. Geochemistry of Laterites, Stability of Al-Goethite, Al-Hematite, Fe^{3+}-Kaolinite in Bauxites, and Ferricretes: An Approach to the Mechanism of Concretion Formation. **American Journal of Science**, v. 285, p. 865-903, Dec. 1985. Disponível em: <http://earth.geology.yale.edu/~ajs/1985/10.1985.01.Tardy.pdf>. Acesso em: 31 mar. 2017.

TARDY, Y.; ROQUIN, C. **Derive des continents, paleoclimats et alterations tropicales**. Paris: BRGM, 1998.

TARGULIAN, V. O.; KRASILNIKOV, P. V. Soil System and Pedogenic Processes: Self-organization, Time Scales and Environmental Significance. **Catena**, v. 71, n. 3, p. 373-381, Dec. 2007.

TASSINARI, C. C. G. Tectônica global. In: TEIXEIRA, W. et al. **Decifrando a Terra**. São Paulo: Oficina de Textos, 2001. p. 97-112.

TEIXEIRA, W. et al. (Org.). **Decifrando a Terra**. São Paulo: Oficina de Textos, 2001.

TESSLER, M. G.; MAHIQUES, M. M. de. Processos oceânicos e a fisiografia dos fundos marinhos. In: TEIXEIRA, W. et al. **Decifrando a Terra**. São Paulo: Oficina de Textos, 2001. p. 261-284.

MUNSELL COLOR. Three Concepts of Color: A Philosopher's Jounal Part 3. **Munsell Color**. Disponível em: <http://munsell.com/color-blog/concepts-philosophy-of-color-part-3/>. Acesso em: 26 nov. 2016.

TOLEDO, M. C. M.; OLIVEIRA, S. M. B. DE; MELFI, A. J. Intemperismo e formação do solo. In: TEIXEIRA, W. et al. **Decifrando a Terra**. São Paulo: Oficina de Textos, 2001. p. 139-166.

TOLEDO, M. C. M. de. Intemperismo e pedogênese. Tópico 7. **Licenciatura em Ciências** – USP/ Unesp. Geologia. Tópico 7. Disponível em: <http://midia.atp.usp.br/impressos/lic/modulo02/geologia_PLC0011/geologia_top07.pdf>. Acesso em: 24 mar. 2017.

UNESP – Universidade Estadual de São Paulo. Museu de Minerais e Rochas Heinz Ebert. **Chert**. Disponível em: <http://webcache.googleusercontent.com/search?q=cache:G9ZgTcA7WvMJ:www.rc.unesp.br/museudpm/rochas/sedimentares/chert.html+&cd=1&hl=pt-BR&ct=clnk&gl=br>. Acesso em: 22 nov. 2016a.

UNESP – Universidade Estadual de São Paulo. **Folhelho**. Disponível em: <http://www.rc.unesp.br/museudpm/rochas/edimentares/folhelho.html>. Acesso em: 22 nov. 2016b.

USDA - United States Department of Agriculture. Soil Conservation Service. Soil Survey Staff. **Keys to Soil Taxonomy**. 8. ed. Washington, 1998. Disponível em: <https://www.nrcs.usda.gov/wps/PA_NRCSConsumption/download?cid=stelprdb125209 4&ext=pdf>. Acesso em: 31 mar. 2017.

VIEIRA, T. S. **Uma análise crítica de algumas evidências fornecidas como "provas" da teoria da evolução**. Rio Verde: Tarcísio S. Vieira, 2008. 123 *slides* eletrônicos: color. In: JORNADA DE BIOLOGIA DA UNIVERSIDADE DE RIO VERDE, 16., Rio Verde, 2008. Disponível em: <http://pt.slideshare.net/novotempo/jorb-2008>. Acesso em: 22 nov. 2016.

WAKATSUKI, T.; RASYIDIN, A. Rates of Weathering and Soil Formation. **Geoderma**, London, v. 52, n. 3-4, p. 251-263, Mar. 1992.

WEAVER, C. E.; POLLARD, L. D. The Chemistry of Clay Minerals. **Developments in Sedimentology**, v. 15, n. 8, 1973.

WOLKOFF, P. et al. Risk in Cleaning: Chemical and Physical Exposure. **Science of The Total Environment**, v. 215, n. 1-2, p. 135-156, Apr. 1998.

XAVIER, K. C. M. et al. Caracterização mineralógica, morfológica e de superfície da atapulgita de Guadalupe-PI. **Holos**, ano 28, v. 5, 2012. Disponível em: <http://www2.ifrn.edu.br/ojs/index.php/HOLOS/article/view/1111>. Acesso em: 31 mar. 2017.

YOUNG, A. **Tropical Soils and Soil Survey**. Cambridge: Cambridge University Press, 1976.

Bibliografia comentada

BIZZI, L. A. et al. (Ed.). **Geologia, tectônica e recursos minerais do Brasil**: texto, mapas & SIG. Brasília: CPRM – Serviço Geológico do Brasil, 2003.

Essa obra reúne informações levantadas ao longo de décadas de estudos geológicos realizados pelo Serviço Geológico do Brasil (CPRM), estruturadas de forma a permitir o entendimento do estado da arte da geologia brasileira. Além de uma vasta abordagem sobre a geologia do Brasil e seus depósitos minerais, a obra apresenta uma quantidade significativa de informações inéditas de dados geocronológicos. Os dados levantados e compilados nesse livro são apresentados na forma de texto explicativo, mapas na escala 1:1.000.000 e banco de dados vetorizado e georreferenciado, estruturado em Sistema de Informações Geográficas (SIG).

LEPSCH, I. F. **19 lições de pedologia.** São Paulo: Oficina de Textos, 2011.

Essa obra trata de temas caros à pedologia, como as rochas e os minérios que dão origem aos solos, os processos de intemperismo, os aspectos biológicos, físicos e químicos do solo e o Sistema Brasileiro de Classificação dos Solos. É um material essencial para estudantes e profissionais das áreas de agronomia, ecologia, zootecnia, geografia, biologia, entre outras. Com uma linguagem clara e atualizada por modernos dados técnico-científicos, o livro tem o objetivo de auxiliar o leitor a desvendar e conhecer melhor as partes que constituem o solo.

MANTESSO NETO, V. et al. (Org.). **Geologia do continente sul-americano:** evolução da obra de Fernando Flávio Marques de Almeida. São Paulo: Beca, 2004.

Essa importante obra, foi elaborada com a colaboração da Petrobras e da Sociedade Brasileira de Geologia, e a participação de dezenas de geocientistas. Nesse livro estão copiladas as obras de um dos mais importantes pesquisadores da geologia do Brasil e do continente sul-americano: Fernando Flávio Marques de Almeida, professor emérito, um dos fundadores da geologia brasileira e coordenador brasileiro da grande pesquisa patrocinada pela Organização das Nações Unidas para a Educação, a Ciência e a Cultura (Unesco) para comprovação da teoria de placas tectônicas e da deriva continental. O livro contém 33 artigos e pesquisas recentes desenvolvidas em toda a América do Sul.

TEIXEIRA, W. et al. **Decifrando a Terra.** São Paulo: Oficina de Textos, 2001.

Esse livro apresenta significativa atualização do conhecimento científico e tecnológico dos conteúdos para o ensino das ciências geológicas em diversos cursos universitários de Geologia, Geofísica, Geografia, Biologia, Química, Oceanografia, Física e Engenharia. O material está estruturado em quatro unidades temáticas, que valorizam a sequência lógica dos assuntos e a análise em escala global, continental, regional e local, com inúmeros exemplos. Uma característica importante é o fato de levar o leitor a uma reflexão responsável sobre o papel do ser humano como agente transformador da superfície terrestre e suas relações com o desenvolvimento da sociedade.

Respostas

Capítulo 1

Atividades de autoavaliação

1. d
2. e
3. e
4. e
5. d

Questões para reflexão

1. A litosfera não é uma casca contínua: é fragmentada em 13 grandes placas, controladas pela convecção do manto. As placas movem-se ao longo da superfície da Terra com taxas de alguns centímetros por ano. Cada placa atua como uma unidade rígida distinta, arrastando-se sobre a astenosfera, a qual também está em movimento. O material quente que ascende do manto solidifica-se onde as placas da litosfera se separam. A partir disso, esfria e torna-se mais rígido à medida que se afasta desse limite divergente. Por fim, a placa afunda na astenosfera, arrastando material de volta para o manto, nos bordos onde as placas convergem.

2. A Terra apresenta uma atmosfera secundária, formada por emanações gasosas ocorridas durante toda a história do planeta, e constituída principalmente de nitrogênio, oxigênio e

argônio. A temperatura de sua superfície é suficientemente baixa para permitir a existência de água líquida, bem como de vapor d'água na atmosfera, responsável pelo efeito estufa regulador da temperatura, que permite a existência da biosfera.

Capítulo 2

Atividades de autoavaliação

1. c

2. d

3. c

4. b

5. e

Questões para reflexão

1. Eles o fizeram utilizando os fósseis para correlacionar as rochas de mesma idade e reunindo as sequências expostas em centenas de milhares de afloramentos no mundo. Criaram uma sequência estratigráfica aplicável a qualquer região do mundo. A sequência composta representa a escala do tempo geológico.

2. Os geólogos determinam a ordem de formação das rochas ao estudar sua estratigrafia, fósseis e disposição espacial no campo. Além disso, como os animais e as plantas evoluíram progressivamente ao longo do tempo, seus fósseis registram as mudanças numa sucessão conhecida na sequência estratigráfica. Os fósseis permitem a correlação de rochas localizadas em várias partes do mundo.

Capítulo 3

Atividades de autoavaliação

1. b

2. d

3. d

4. a

5. e

Questões para reflexão

1. Cristais grandes crescem enquanto o magma esfria, produzindo rochas de granulação grossa. As rochas ígneas intrusivas podem ser reconhecidas por meio de seus cristais grandes intercrescidos, os quais se desenvolvem lentamente enquanto o magma é gradualmente resfriado. O granito é uma rocha ígnea intrusiva.

2. O pequeno número de minerais formadores das rochas é consequência do reduzido número de elementos encontrados entre os mais abundantes da crosta terrestre, quais sejam: silicatos, carbonatos, óxidos, sulfetos, sulfatos e os não tão comuns haletos e elementos nativos.

Capítulo 4

Atividades de autoavaliação

1. c

2. d

3. a

4. e

5. c

Questões para reflexão

1. Quando alguém procura entender um sistema complexo como a Terra, frequentemente considera que é mais simples fragmentá-lo em vários subsistemas (geossistemas) e analisar como eles trabalham e interagem uns com os outros. Dois dos principais sistemas globais são o **climático**, que envolve interações controladas pelo calor do Sol, principalmente entre a atmosfera, a hidrosfera e a biosfera, e o **sistema das placas tectônicas**, que envolve interações predominantemente entre os componentes sólidos da Terra (litosfera, astenosfera e todo o manto), controlados pelo calor interno do planeta.

2. A paisagem é determinada pela tectônica, pela erosão, pelo clima e pelo substrato rochoso. A tectônica (movimento das placas) eleva as montanhas e rebaixa os vales e as bacias. A erosão esculpe o substrato rochoso, formando os vales e vertentes. O clima afeta o intemperismo e a resistência dos diversos tipos de rochas responde parcialmente pelas diferenças na declividade e nos perfis dos vales, sendo as altas declividades comuns em rochas com maior resistência.

Capítulo 5

Atividades de autoavaliação

1. c

2. e

3. a

4. e

5. b

Questões para reflexão

1. O calcário, constituído de minerais carbonáticos de calcita (cálcio) e dolomita (cálcio e magnésio), altera-se muito rapidamente em regiões úmidas. Em regiões quentes e secas, a preservação é maior, ou seja, deve desgastar (dissolver mais lentamente). Clima frio e úmido: água, CO_2 em grande quantidade na atmosfera e na água, fungos. Clima quente e seco: presença dos mesmos fatores em quantidade e frequência menores.

2. Para responder a essa questão, o estudante deve pesquisar a geologia e o mapa de solos do local em que vive e as informações sobre o zoneamento ambiental. Normalmente obtêm-se esses dados na secretaria de meio ambiente e urbanismo de cada cidade. Tomando como exemplo o caso de Curitiba, nessa cidade existe um plano de zoneamento ambiental que foi desenvolvido há muitos anos, porém vem sendo atualizado periodicamente. Esse estudo, realizado entre março de 1999 e abril de 2001, indica que aproximadamente 20% da área da capital paranaense é composta por solos aluviais – formados por areias e argilas orgânicas –, ruins para a escavação, pois apresentam baixa resistência e grande quantidade de água. A Formação Guabirotuba, encontrada em 35% do município, é formada principalmente por argilas fissuradas, também consideradas ruins para escavação por soltarem blocos quando expostas por muito tempo. O restante do município (45%) é composto por solos residuais – formados pela alteração da

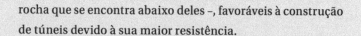

rocha que se encontra abaixo deles –, favoráveis à construção de túneis devido à sua maior resistência.

3. O solo corresponde à porção superficial da Terra, sobre a qual é realizada a maior parte das atividades humanas. Trata-se de uma parte integrada da paisagem, responsável pela sustentação da vida vegetal e pela manutenção dos recursos naturais relacionados. Acima de tudo, o solo é também um importante recurso natural. O processo de formação dos solos é chamado de *pedogênese* e ocorre principalmente em razão da ação do intemperismo, responsável pelo desgaste de uma rocha original (rocha-mãe) e sua gradativa transformação em sedimentos, que dão origem ao material que compõe os solos. Nesse sentido, é importante e necessário observar que a característica dos solos, seu tempo de constituição, sua profundidade e estrutura estarão relacionados com os elementos atuantes nesse processo, chamados de *fatores de formação dos solos*, a saber: o material de origem, o relevo, os organismos vivos, o clima e o tempo.

Capítulo 6

Atividades de autoavaliação

1. c
2. a
3. a
4. e
5. c

Questões para reflexão

1. A aspiração ao desenvolvimento da maior parte da população mundial só poderá ser realizada se houver um aumento notável na eficiência do uso de energia e na criação de novas fontes de energia que sejam sustentáveis.

2. Devem aumentar os esforços conjuntos para melhorar a eficiência energética e reduzir a intensidade da emissão de carbono da economia mundial, incluindo a introdução mundial de sinalização de preços para emissões de carbono, considerando os diferentes sistemas econômicos e energéticos em países diferentes. Tecnologias devem ser desenvolvidas e implementadas para capturar e sequestrar carbono de combustíveis fósseis, especialmente do carvão. O desenvolvimento e a implementação de tecnologias de energias renováveis devem ser acelerados de forma ambientalmente responsável. Iniciativa também urgente como imperativo moral, social e econômico, devem-se fornecer serviços de energia sustentável modernos, eficientes e ambientalmente compatíveis às pessoas mais pobres deste planeta – que vivem principalmente em países em desenvolvimento.

Apêndice A

Classificação brasileira dos solos[i]

Segundo Lepsch (2002), a classificação dos solos atualmente adotada no Brasil divide-os em 14 classes. Veremos as principais características de cada uma delas a seguir.

1. Neossolos

A classificação brasileira agrupa sob a classe dos neossolos os anteriormente designados pelas classes dos *litossolos*, *regossolos* e *solos aluviais*. São solos jovens, em início de formação ou neoformados, geralmente pouco evoluídos, sem horizonte B diagnóstico.

2. Vertissolos

Equivalem aos solos anteriormente classificados como *vertissolos* e *grumossolos*. Frequentemente assumem coloração cinza-escura. Apresentam grande capacidade de contração e expansão, graças à grande quantidade de argilas expansivas (expandem-se com a umidade e contraem-se com a secagem) que os compõem. Quando secos, é comum exibirem fendilhamento extremo (fendas de expansão), assumindo a aparência de placas, como ocorre em leitos de rios ou lagos secos durante estiagens prolongadas. Horizonte A composto por mais de 30% de argila.

3. Cambissolos

São solos que apresentam grande variação, de acordo com o clima, o relevo ou a vegetação de sua área de ocorrência. Apresentam horizonte B incipiente, e A não chernozêmico. São, portanto,

---

i. Este Apêndice foi elaborado com base na classificação dos solos relatada por Lepsch (2002).

constituídos predominantemente de matérias minerais. A nova classificação brasileira de solos propõe várias subdivisões deste tipo de solo, cujas denominações remetem aos solos mais desenvolvidos com os quais cada uma delas se assemelha.

4. Chernossolos

Anteriormente classificados como *brunizens*, apresentam horizonte B em estágio inicial de formação e A chernozêmico (espesso e rico em matéria orgânica), chegando por vezes a 1 metro de profundidade. São solos muito férteis, portanto favoráveis à agricultura.

5. Luvissolos

Anteriormente classificados em *solos brunos não cálcicos* e *podzólicos eutróficos*. Apresentam horizonte B textural rico em cátions básicos trocáveis, com acúmulo de argilas de alta atividade. O horizonte A é pouco espesso. São solos de baixa profundidade (50 cm a 1 m, em média). Apresentam coloração bruna (marrom) não muito escura. No Brasil, são frequente no semiárido da Região Nordeste.

6. Alissolos

Os sistemas classificatórios anteriores nomeavam-nos como *rubrozens e podzólicos bruno-acinzentados distróficos*. São solos ácidos, com horizonte B textural rico em alumínio trocável e acúmulo de argilas de atividade elevada. São constituídos predominantemente por sedimentos argilosos (argilito, por exemplo). São pouco férteis e de ocorrência baixa.

7. Argissolos

A classificação anterior situava-os entre os solos podzólicos. Apresentam horizonte B textural rico em partículas de argila que nele se depositam após migrarem do horizonte A (iluviação).

consequentemente, o horizonte A é menos argiloso que o B. Têm profundidade relativamente baixa, com ocorrência considerável de silte e outros minerais pouco resistentes ao intemperismo.

8. Nitossolos

Incluem os solos anteriormente classificados como *terras roxas* e *terras brunas*, ambas estruturadas. Apresentam coloração vermelho-escura ou castanho-avermelhada. O horizonte B é argiloso, com agregados angulares ou subangulares, com faces bem pronunciadas. São solos muito férteis, extremamente favoráveis à agricultura.

9. Latossolos

São os solos de maior representação geográfica no Brasil, estendendo-se por 300 milhões de hectares em território brasileiro, segundo Lepsch (2002, p. 89). São compostos por argilas do tipo caulinita, cujas partículas encontram-se revestidas por óxidos de ferro, o que lhes confere coloração avermelhada. Frequentemente ocorre escurecimento do horizonte A em decorrência do acúmulo de matéria orgânica (húmus). O horizonte B é de textura média ou argilosa. São solos intensamente intemperizados e frequentemente ácidos e pobres em nutrientes vegetais. Sua utilização pela agricultura, portanto, necessita de medidas de correção (fertilizantes e corretivos de acidez).

10. Espodossolos

Incluem os solos classificados pelos sistemas anteriores como *podzóis* e *podzóis hidromórficos*. São solos com húmus ácido, nos quais verifica-se intensa translocação de ferro, alumínio e matéria orgânica no horizonte B. Esta ocorre pela dissolução desses componentes, originários de outros horizontes (A e E), e sua posterior precipitação no horizonte B, o qual, como característica desse tipo de solo, encontra-se localizado abaixo do horizonte E. Quanto a este, apresenta-se como uma camada cinza pálido. É um solo característico de regiões frias e cobertas por florestas de coníferas.

11. Planossolos

Os sistemas anteriores classificavam alguns destes solos como *solonetz-solodizados*. Apresentam horizontes A e E de cores claras, com transição abrupta para horizontes B adensados e com teor de argila muito mais elevado. Nos de tipo solonetz, há altas concentrações de sais solúveis, como o cloreto de sódio (NaCl), os quais podem estar cristalizados (sal-gema, por exemplo). Podem ocorrer em áreas inundáveis pela água do mar (solos salinos costeiros).

12. Plintossolos

Os sistemas de classificação anteriores denominavam-nos *lateritas hidromórficas* e *solos concrecionários*. Formam-se sob condições em que há impedimento do fluxo de água, principalmente em locais de grande oscilação do lençol freático. Tais condições facilitam a formação da *plintita*, material rico em óxidos de ferro, de cor avermelhada, que endurece de forma irreversível quando submetido ao calor, dando origem a camadas ou nódulos semelhantes a tijolos.

13. Gleissolos

Segundo os sistemas anteriores, classificados como *gleis pouco húmicos* e *húmicos* ou *hidromórficos cinzentos*. São solos que se formam em áreas sujeitas a encharcamento prolongado, frequentes quando há ocorrência de lençóis freáticos próximos à superfície. Derivam de materiais inconsolidados, como sedimentos e saprólitos. Pela grande presença de matéria orgânica e de água em profusão, seus poros ficam saturados por longo tempo, o que resulta em baixos teores de oxigênio, causando redução química e dissolução dos óxidos de ferro. Por esse motivo, tais solos adquirem coloração cinzenta nos horizontes superficiais. São frequentes em regiões de clima úmido e planícies ribeirinhas alagáveis.

14. Organossolos

Engloba os solos que, segundo os sistemas de classificação anteriores eram denominados *solos orgânicos* e *solos turfosos*. Apresentam altos teores de matéria orgânica, com horizonte hístico (formado pela decomposição de matéria orgânica de origem vegetal) com mais de 40 cm de espessura (exceto quando ocorrem diretamente sobre camada rochosa).

Apêndice B

Distribuição dos solos brasileiros[ii]

A distribuição dos solos brasileiros aqui apresentada obedece às divisões territoriais adotadas pelo Instituto Brasileiro de Geografia e Estatística (IBGE), as quais dividem o território nacional em três complexos regionais: Amazônia, Nordeste e Centro-Sul. Este último é subdividido em três grandes regiões: Sudeste, Centro-Oeste e Sul.

Solos da Amazônia

Estendem-se por uma grande área que abrange os seguintes estados: Amazonas, Acre, Amapá, Pará, Rondônia, Roraima e Tocantins, e também a parte norte do Mato Grosso e oeste do Maranhão.

Nas áreas de planaltos, há ocorrência de latossolos amarelos e vermelho-amarelos e de argissolos vermelho-amarelos (também conhecido como solos podzólicos). Ocorrem neossolos quartzarênicos (antes chamados de areias quartzosas) em extensões relativamente pequenas ao sul. Plintossolos (laterita hidromórfica e podzólicos plínticos) ocupam cerca de 20% da Amazônia Ocidental e do Tocantins.

Nas áreas mais baixas há ocorrência de neossolos flúvicos (no passado, conhecidos como *solos aluviais*), que são relativamente ricos, de nitossolos (terras roxas), originados de rochas basálticas, e de luvissolos eutróficos.

Nas áreas montanhosas (planalto norte-amazônico), como a região do Pico da Neblina, são encontrados solos pouco desenvolvidos, como os neossolos litólicos e os cambissolos.

---

ii. Este Apêndice foi elaborado com base na classificação dos solos brasileiros proposta por Lepsch (2002).

Nas áreas limítrofes localizadas nos Estados de Goiás e Maranhão, encontram-se solos constituídos predominantemente por nódulos endurecidos de óxido de ferro e classificados como *plintossolos pétricos* (outrora denominados *solos concrecionários lateríticos*).

Solos do Nordeste

O Complexo Regional do Nordeste divide-se quatro sub-regiões com domínios de solos bastante distintos e relacionados com o clima predominante:

- o meio norte (parte leste do Maranhão e oeste do Piauí);
- a zona da mata (faixa litorânea que vai do Rio Grande do Norte até o sul da Bahia);
- o sertão, formado por terras semiáridas (desde o Piauí até o norte de Minas Gerais);
- o agreste (faixa intermediária entre a zona da mata e o sertão).

A faixa litorânea contém areias de antigas dunas e praias, com ocorrência de neossolos quartzarênicos (no passado, denominados *areias quartzosas marinhas*).

Em direção ao interior, encontram-se relevos achatados denominados *tabuleiros*, nos quais predominam os latossolos amarelos. Em colinas e morros a eles entremeados, encontram-se argissolos e alguns latossolos vermelho-amarelos.

No chamado *Recôncavo Baiano*, há áreas de vertissolo (localmente chamado *massapé*).

Na sub-região do meio norte ocorrem plintossolos (antes conhecidos como *laterita hidromórfica* e *podzólico plíntico*), particularmente nas áreas mais baixas e próximas à costa. Nos chamados *Lençóis Maranhenses* e no restante da extensa área com dunas encontrada nessa sub-região, há a ocorrência de neossolos quartzarênicos. Nas áreas de relevo mais elevado, encontram-se os argissolos e latossolos vermelho-amarelos.

No Sertão, região semiárida, os solos estão vinculados à vegetação de arbustos e árvores baixas conhecida como *caatinga*. Os principais solos que ali ocorrem são os luvissolos crômicos (antes chamados de *solos brunos não cálcicos*) e os argissolos vermelhos eutróficos. Nas áreas mais elevadas, existem neossolos litólicos (litossolos) e afloramentos rochosos, que constituem os chamados *inselberg* (termo de origem alemã que significa "*morro-ilha*"), assim chamados por aparecerem isolados em meio à planície semiárida. Nas áreas baixas, de relevo quase plano, ocorrem planossolos nátricos (solos salinizados) e vertissolos.

Há ocorrência relativamente pequena de neossolos flúvicos (solos aluviais) ao longo de certos cursos d'água.

Nas regiões dos planaltos e chapadas nordestinos – incluindo a bacia do Rio Parnaíba (Maranhão e Piauí), a Serra da Borborema (a leste de Pernambuco e Paraíba), a Chapada Diamantina (Bahia) e as serras do Atlântico (a sudeste da Bahia) – encontramos temperaturas menos elevadas, precipitação pluviométrica mais abundante e solos mais profundos, de forma que essas regiões constituem verdadeiras ilhas verdejantes, com latossolo vermelho-amarelo nas áreas planas e elevadas, e argissolos e nitossolos nas de relevo mais acidentado.

Solos da Região Centro-Oeste

O Complexo Regional do Centro-Oeste abrange os estados de Mato Grosso, Mato Grosso do Sul e Goiás. Segundo Lepsch (2002), é formado por dois principais domínios naturais: o Planalto Central e a Planície do Pantanal.

No Planalto Central, a paisagem característica é a das chapadas, com vegetação arbustiva típica dos cerrados e áreas de campo e florestas. Os latossolos (vermelhos) e neossolos (quartzarênicos) são os solos de ocorrência mais comum nas chapadas. Nas áreas mais úmidas, ocorrem os organossolos e gleissolos; nas mais elevadas e planas, há plintossolos pétricos e argissolos.

A sudoeste dessa região encontramos uma extensa área plana e alagável denominada Pantanal Mato-Grossense. Os solos formam conjuntos complexos, nos quais se destacam sequências de faixas alternadas de neossolos, planossolos, gleissolos, espodossolos e vertissolos. A maior parte desses solos é originada de antigos sedimentos aluviais de texturas diversas, desde os mais arenosos – nos quais predominam os plintossolos distróficos, neossolos quartzarênicos e espodossolos – até os argilosos – vertissolos e planossolos nátricos.

Solos da Região Sudeste

No Complexo Regional do Sudeste existem quatro grandes áreas de solos:

1. região semiárida ou "polígono das secas";
2. faixa litorânea;
3. área montanhosa, compreendida por planaltos e serras do sudeste (incluindo serras do Mar e da Mantiqueira);
4. planaltos sedimentares, situados no oeste dos estados de Minas Gerais e São Paulo.

A faixa litorânea compreende depósitos arenosos e outros sedimentos de rios, e também alguns tabuleiros. Nas areias da orla costeira encontram-se neossolos quartzarênicos e espodossolos, alternados a organossolos. Há também gleissolos e planossolos. Os gleissolos sálicos (comuns nos mangues) e planossolos nátricos sofrem influência dos sais das águas do mar. Ocorrem também neossolos flúvicos nos deltas do Rio Doce e do Paraíba. Nas faixas de tabuleiros, os latossolos e os argissolos amarelos são os mais comuns.

A área montanhosa (Estados de Espírito Santo, Rio de Janeiro e partes do leste de São Paulo e Minas Gerais) compreende domínio outrora ocupado pela Mata Atlântica, hoje quase inteiramente substituída por campos de pastagens. Nas áreas de relevo do tipo mamelonar (mar de morros) predominam argissolos e latossolos vermelho-amarelos (derivados de granitos, gnaisses e xistos). Nas áreas serranas prevalecem os neossolos litólicos e os cambissolos.

Nos planaltos sedimentares existem solos bastante diversificados, particularmente no oeste do Estado de São Paulo. Alguns, cobertos por vegetação de cerrado, são semelhantes aos do Planalto Central, como os latossolos e os neossolos quartzarênicos. As áreas de florestas apresentam solos relativamente férteis, podendo incluir latossolos e nitossolos (terras roxas), solos superficialmente arenosos (derivados de arenitos com cimento calcário) e com acúmulo de argila no horizonte B, hoje classificados como argissolos vermelho-amarelos eutróficos.

Solos da Região Sul
O Complexo Regional do Sul do Brasil é uma zona de transição entre os climas tropical e temperado, e compreende os Estados do Paraná, Santa Catarina e Rio Grande do Sul. As diferentes condições climáticas dessa região em relação às demais determinam a existência de solos bastante peculiares.

Nas zonas mais elevadas do Planalto Meridional são comuns solos derivados de rochas básicas (basalto), que originam terras roxas (nitossolos vermelhos eutroférricos, comuns no oeste do estado do Paraná) e brunas. Incluem latossolos e nitossolos. Nas áreas de relevo mais acidentado, como as encostas dos planaltos, ocorrem neossolos litólicos, argissolos, cambissolos e, em altitudes maiores, cambissolos húmicos. Nas encostas menos íngremes e sobre as rochas basálticas, são comuns os chernossolos. Estes são mais expressivos no extremo sul, por vezes associados aos vertissolos, como ocorre nas sub-regiões campanha e depressão central.

Na faixa costeira, principalmente no entorno das lagoas dos Patos e Mirim, encontram-se áreas de solos desenvolvidos sob condições de excesso de água ou areias de antigas praias, com ocorrência de planossolos gleicos, gleissolos e neossolos quartzarênicos.

Anexos

Figura A – Granito e basalto

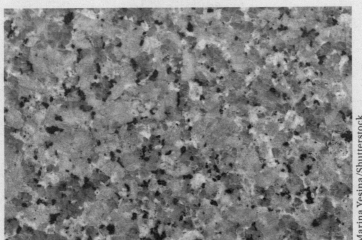

Figura B – Colorações do basalto, do gabro e do granito.

304

Figura C – Rocha sedimentar clástica (sedimentos clásticos compostos por partículas depositadas de argila, areia, silte e cascalho)

Susan E. Degginger / Alamy / Fotoarena

Figura D – Rocha sedimentar química (sedimentos químicos e bioquímicos precipitados)

PjrStudio / Alamy / Fotoarena

305

Figura E – Bloco de gnaisse fraturado pela ação do gelo nas fissuras

Figura F – Exemplo de formação de juntas de alívio

Figura G – Ação do crescimento das raízes, alargando as fissuras

Figura H – Variação em cor e textura de acordo com o tipo de material de origem

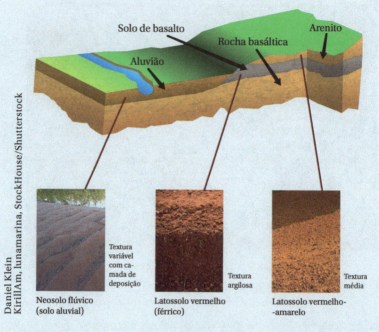

Fonte: Elaborado com base em Lepsch, 2011 p. 285.

Figura I – Estágio de maturidade do solo

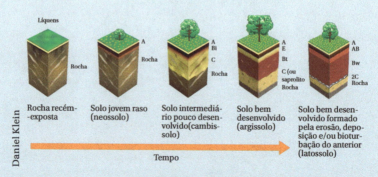

Fonte: Elaborado com base em Lepsch, 2011, p. 289.

Figura J – Representação esquemática do perfil de solo, mostrando seus principais horizontes e camadas

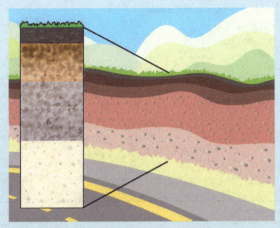

Taludes de estradas expondo o perfil do solo constituem locais úteis para o estudo.

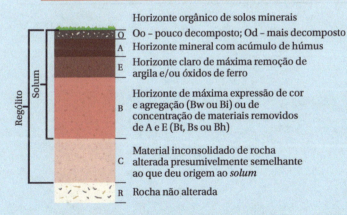

O — Horizonte orgânico de solos minerais
Oo – pouco decomposto; Od – mais decomposto
A — Horizonte mineral com acúmulo de húmus
E — Horizonte claro de máxima remoção de argila e/ou óxidos de ferro
B — Horizonte de máxima expressão de cor e agregação (Bw ou Bi) ou de concentração de materiais removidos de A e E (Bt, Bs ou Bh)
C — Material inconsolidado de rocha alterada presumivelmente semelhante ao que deu origem ao *solum*
R — Rocha não alterada

Esquema de um perfil de solo mostrando os principais horizontes e sub-horizontes.

Fonte: Elaborado com base em Lepsch, 2011.

Daniel Klein

Mapa A – As placas litosféricas e os diferentes tipos de bordas

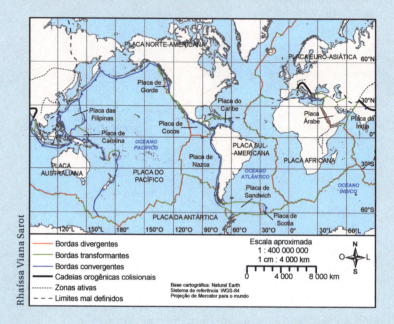

Fonte: Hasui et al., 2012, p. 72.

Mapa B – Grandes domínios geológicos da América do Sul

Fonte: Hasui et al., 2012, p. 116.

Mapa C – Porções continental e oceânica da Placa Sul-Americana no contexto global

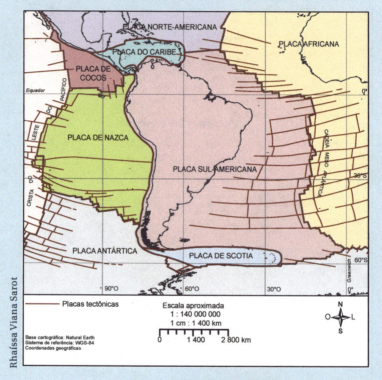

Fonte: Schobbenhaus; Brito Neves, 2003, p. 7.

Mapa D – Províncias estruturais do Brasil

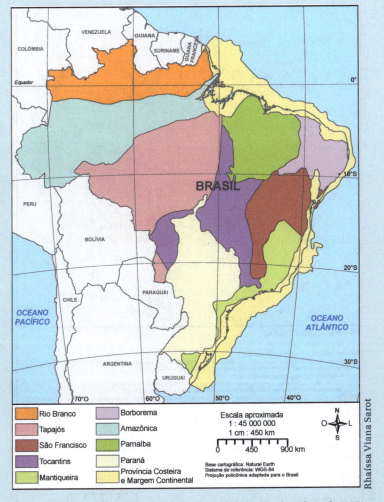

Fonte: Santos et al., 2001, p. 6, modificado de Almeida et al., 1977.

313

Mapa E – Províncias geológicas do Cráton Amazonas

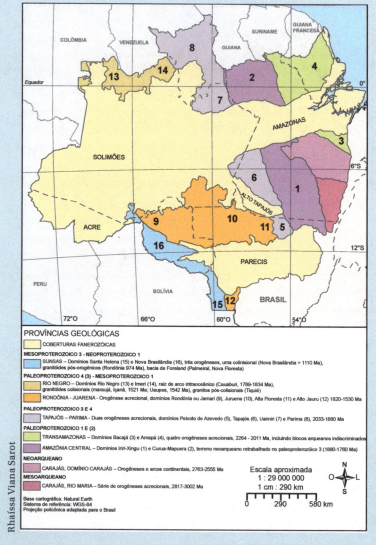

Fonte: Santos, 2003, p. 178.

Mapa F – Bacias sedimentares brasileiras

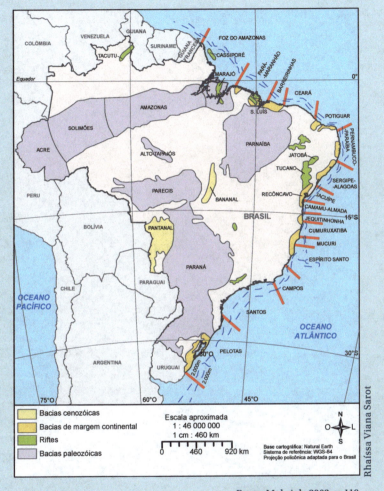

Fonte: Mohriak, 2003, p. 118.

Sobre as autoras

Narali Marques da Silva tem licenciatura curta em Ciências Biológicas pela Universidade Federal do Paraná (UFPR) e licenciatura plena em Biologia pelas Faculdades Integradas Espírita. É especialista em Magistério Superior pela Universidade Tuiuti do Paraná e mestre em Geologia Ambiental pela UFPR. Tem MBA em Gestão, Educação e Planejamento Ambiental pela ABC Bonn in Company e Faculdades SPEI. Tem experiência na área de geociências, com ênfase em geologia. Trabalhou na Secretaria Municipal do Meio Ambiente de Curitiba na gerência de Educação Ambiental. Atualmente, coordena a educação ambiental da Rede Municipal de Ensino de Curitiba.

Rafaela Marques da Silva Tadra é graduada em Geologia pela UFPR. Atua há mais de dez anos nas áreas de prospecção, mineração, direito mineral e meio ambiente. Tem experiência em projetos de geoprocessamento, geodiversidade, cubagem de jazidas e gestão de ativos ambientais e minerarios.

Impressão:
Novembro/2023